人力資源策略

Ashok Chanda ・ Shilpa Kabra ／著

李茂興・林宜君／譯

弘智文化事業有限公司

Ashok Chanda & Shilp Kabra

Human Resource Strategy : Architecture for Change

Copyright © 2000
By Ashok Chanda & Shilp Kabra

Chinese edition copyright © 2003
By Hurng-Chih Book Co., Ltd..
For sales in Worldwide.

ISBN 957-0453-66-4
Printed in Taiwan, Republic of China

序

　　沒有比處理人力資源（Human Resource，HR）的策略性構面更刺激、更具挑戰性的事了。在不斷改變的環境中，組織如何策略性地著眼於內部的人力資源？又是如何將他們的企業需求與其員工策略作一結合？為什麼有些公司能成功，而有些公司卻表現欠佳？我們相信，現今有許多組織、團體和個人都面臨了同樣的困境。由於越來越嚴重的全球經濟風暴，也為了振興對通力合作的迫切需要，他們受到裁撤冗員、企業再造、縮減開支和大量的成本緊縮等措施所引起的連續打擊，這種混亂的情況迫使大家必須思考如何管理人力資源，以順應企業環境的改變。《人力資源策略——變革的架構》（Human Resource Strategy —— Architecture for Change）一書透過策略性觀點，朝著人力資源管理的轉變邁進一步。

　　長久以來，在絕大多數的組織中，人力資源實務與人力資源部門的存在都被視為維持運作和例行性的活動。正常來說，企業策略被賦予進行長期的展望，但總是缺乏人力資源的「策略性思考」。如果我們分析任一本企業策略或企業政策的教科書，查閱有關人力資源策略的資料，我們可能會發現此部分甚少提及。同樣地，如果我們去檢視有關人力資源的文獻，並試著去尋找提及企業政策或企業策略的地方，也會發現付之闕如。本書的中心論點是，人力資源發展只能在企業經營的商業背景中加以審視，目的在於協助組織成功地結合其員工策略與企業目標，並

且為面對日益競爭的全球市場做好準備。

　　在著手寫這本書時，我們發現，要將這個正在發展且較少被人討論的課題付諸文字並不容易。雖然我們試著尋找曾思考過、實施過人力資源策略的組織實例，但是在任何一個個別組織中要發現人力資源策略的統整性應用，總是會有一些問題。無論如何，當我們開始將這個概念變得簡單且實用時，一切就漸漸步入軌道了。

　　這是一本「指南手冊」，透過六個連續的步驟來分析說明長期人力資源策略的發展。人力資源策略的形成始於人力資源願景，人力資源願景接著產生特定的變革程序，來界定人力資源功能、系統，以及對員工展望的轉變。人力資源策略的發展程序研究內部環境與外部環境的複雜性，追蹤資源、能力與策略性企業規劃的相互關係，使人力資源的目標得以形成，最後，完成行動計畫。這是一本實用的書籍，廣泛地運用工具與技巧，生動地說明如何計畫、如何檢視、如何執行人力資源策略、如何核定人力資源的資本額，以及如何「建構」因應改變的人力資源功能。

　　本書適合所有執業的人力資源專業人員、修習管理的學生與組織領導者閱讀。我們相信本書可作為所有執業的人力資源專業人員實用的指導方針，協助希望員工成為企業成長伙伴的總裁們，同時也可當作組織的顧問和推動者統一制定人力資源策略的參考。

　　我們希望透過分享這些想法與經驗，對所有直接或間接對本書有幫助的人表達由衷的感謝。

　　我們很高興寫下這本書，希望讀者也同樣喜歡。

昌達（Ashok Chanda）

卡布拉（Shilpa Kabra）

導　論

　　隨著時代的變遷，企業越來越需要應付諸如持續改變的競爭力、科技的衝擊和逐漸發展的知識管理等課題，在這種情況下，組織的生存與成長端賴是否能和主要的策略夥伴建立長期關係並維持下去，要達成這個局面，必須創造組織與策略夥伴雙贏的情況才有可能。有鑑於此，自然而然地，組織逐漸將重心放在人力資源的管理與發展上。組織中的人力資源是最重要的策略夥伴之一，它不僅是受益者，更是不可或缺的執行者。組織成功的關鍵在於充分利用人力資源，這樣的意識已經逐漸高漲。組織是否成功、是否管理良好，或者能否生存，都取決於組織對人力資源的整體管理和所採取的人力資源策略。

　　一般認為，組織為了改善績效所採取的各種做法，牽涉的範圍很廣。本書揭露了針對處理企業環境的改變而必須採取的策略性措施，因此，本書透過人力資源策略，提供了變革的架構。本書明白地指出，在政策、實務和系統上必須適時改變的對象，且存在於組織中最珍貴的有形資產，就是人力資源。對許多人來說，這些改變會變成怎樣，通常是既陌生且模糊，尤其是根據人們在團體中扮演的角色時，譬如管理階層、員工、顧客或當權者。本書會協助讀者從整體的觀點來看這些改變。

　　長久以來，企業處理這些變革，需要概念性和實務性的方法來管理人員。本書作者藉由六個步驟的漸進式方法，來推演出動態的人力資源

策略。作者們雖然年輕，但是已實際應用過這些概念，他們努力將自己的實務經驗融入此一方法中。這是一種容易掌握的方法，也是一種有系統的機制，可配合企業策略界定出人力資源的願景、目標和行動計畫。

依循人力資源策略提出的變革架構，這個概念是處理人力資源之策略性手段的新方法。本書提供嚴謹有力的方法論，來發展人力資源策略，並加以應用。相信本書可以使我們在不斷努力提昇管理人力資源的品質上有長足的進步，對該領域的發展也有重大貢獻。本書的推出在時間上恰到好處，也很有建設性，可以當作專業人員的指導手冊，我們深信讀者在閱讀之後會發現其價值所在。

維拉尼（F.B. Virani）

印度大都會瓦斯公司總裁

於新德里

目　錄

第一部份 　總論

　　未來人力資源策略將不僅由人力資源部門擔綱，同時也需
要各部門主管、其他幕僚經理人、以及策略伙伴一起來執行。

—阿爾瑞奇(DAVE ULRICH)

　　人力資源的形勢不斷改變，策略也是。「策略」一詞雖然不具新
意，但「人力資源策略」對許多人力資源專家或企業人士而言，還是相
當新的名詞。人力資源策略——亦即變革的架構，是人力資源功能的一
項創新；指的是，在考量組織長期的競爭力之下，重新設計系統、組織
結構，以及對人力資源的管理。我們必須對人力資源策略的重要性及其
附加帶給組織的價值做一徹底瞭解。

人力資源策略：變革的架構 步驟程序圖		

第一部份 總論		人力資源策略新興的局面	第一章
		人力資源策略的發展	第二章
第二部分 架構	第一步驟	建立人力資源願景	第三章
	第二步驟	掃瞄環境	第四章
	第三步驟	稽核自身的 能耐和資源	第五章
	第四步驟	檢視其他的策 略性事業規劃	第六章
	第五步驟	定義個別方針	第七章
	第六步驟	整合行動計畫	第八章
第三部分 變革的程序		變革的架構	第九章
		人力資源策略的重新調整	第十章

1

人力資源新興的局面

目標

- 人力資源的局面如何改變
- 人力資源策略的重要性為何
- 人力資源功能如何提高公司價值

某公司策略部門的最高主管在一個人力資源管理會議上，提到他認為公司業務未來十年可能的轉變。以他的觀點而言，今日的組織無法以原來的面貌存在於未來的環境之中，取而代之的，將是兩種不同形式的組織。第一種是巨大的組織，觸角遍及全世界，幾乎控制了所有的產能、產品和服務。第二種是以擁有合格技術或獨特專業技能的個人為基礎之組織，提供特定的產品或服務，而資訊技術將會是聯繫顧客與這種公司的關鍵。該主管的預測，使我們對於組織當前的定位或組織必須達到的位置有了新的看法，這是組織進行策略性思考的基礎。同時，人力資源部門的專業人員也應該開始策略性地思考，以面對新世紀的挑戰。

導論

微軟公司（Microsoft Corporation）、美孚石油（Mobil）、聯合利華（Unilever）、國際商業機器公司（IBM）、Reliance Industries、Infosys，以上這些大公司的共通點為何？答案是「變革」。無論公司的產品是簡單的安全別針還是複雜的防毒軟體，是家中裝潢用色彩鮮明的窗簾抑或乾淨的飲用水，沒有任何一家公司可以抗拒變革。變革正以驚人的速度發生，瀰漫在我們的生活周遭。

假如歐文托夫勒（Alvin Toffler）不曾處於變革的循環中，他無法提出**第三波**（Third Wave）或**未來衝擊**（Future Shock）的論點。改變是如此簡單，卻無法預測；力量強大，足以摧毀我們的價值觀、信念和文化，它正以迅雷不及掩耳的速度搖撼著每個人存在的根本。

改變同時也影響了公司所有層級的運作，並引領至一個高度競爭的環境，造成企業的全球性競爭與挑戰，組織也因此一直努力地與要求可靠品質且高度競爭的環境搏鬥。

新經濟環境迫使組織領導者及經理人走出象牙塔──去瞭解企業界的生存法則；不只要生存下來，還要讓他們的組織步入繁榮成長的路線。歐文托夫勒（Alvin Toffler）在《**未來衝擊**》（*Future shock*）一書中確切地指出：「改變，在我們的生活過程中無所不在，因此仔細審視改變就顯得相當重要，不只要由歷史宏觀的角度，也必須從身處改變的個人觀點來看。」

那麼，下個千禧年推動產業前進的力量是什麼？答案是財務資源、資訊技術，還有最重要的人力要素。能夠主宰這三種力量的人，就可以成為企業界的領導者。在所有不需要藉由人力製造的領域中，擁有人力優勢及知識便可引領潮流。成功的企業最終會走向瞭解人類、管理人群的模式，如同企業走向瞭解與管理經濟、科技、市場現況一般。

　　當組織逐漸全球化並努力維持競爭力時，必須意識到組織得以維持優勢的一個重要因素，就是人。人力資源的策略性對於組織是否成功，具有決定性的影響，這可由全球組織均致力於改變其人力資源的管理看出。以專業範疇來說，人力資源日益重要，同時也越來越受重視，尤其是發展人力資源方面。阿山克德賽博士（Ashank Desai，MD，Mastek）指出：「知識越來越有附加價值。當我們朝著以知識為基礎的社會邁進時，知識工作者就變得相當重要。」（Dwivedi，1997 年：第 5 頁）因此，人力資源逐漸演變為一種新的思考方式，不但影響公司盈虧，最後也提供了讓人力資源變成可行的方法。

　　當組織面臨企業及員工期望改變時，就會逐步發展出新的思維及程序。公司瞭解到，若要求員工有最適安排，就不能只著眼於員工數目的多寡，還要重視員工的能力。當公司對外的招募計畫結束時，就可以展開內部徵才。在內部徵才的過程中，人力資源部門正式發布內部職缺，並鼓勵員工申請，目的主要是要留住員工，並儘可能做到適才適所。人力資源團隊採用某種機制來遴選訓練員工，使員工的才能適合委任的工作，這個活動的格言便是：「在情感與理智所屬之處工作。」

　　在知識、原料及技術在組織及國家間可以自由流動的世界裡，組織大部分的資產可以互相交換，相同的基本工具可使用於紐約或芝加哥的公司。在這樣的環境中，只有一項資產有能力構成差異：專注、具生產力、有創新能力的員工。因此組織不像以往可以負擔減少或擾亂那些能幫助組織創造成功價值的員工之代價。

　　成功的核心是組織及員工成為彼此協助成長的夥伴。許多公司都面臨一個基本事實——今日企業的成功與所有員工之發展、奉獻及投入有直接的關係。只有能夠獲得員工信任、尊重及承諾的組織，才能追上競爭者的腳步。

向英倫海峽海底隧道致敬的一封信　　　　專欄 1-1

《人力資源管理》一書在慶祝海底隧道啓用之時，亦稱揚每台價值數百萬美元、極受歡迎的「隧道全斷面掘進機」。書中描述道：「英倫海峽海底隧道計畫無疑是技術獨一無二的完美演出，同時也是人力資源的驚人實驗室，這個隧道是由人而非機器所建造，將近 13,000 名工程師及技師在隧道兩端一起工作著。英國的新聞界對這些人有一個稱號——『隧道之虎』。」

資料來源：薩德勒（Sadler），1995 年：第 28 頁

畢德士和華特曼（Tom Peters and J. Waterman）在他們所著的《追求卓越》（*In Search of Excellence*）（Peters & Waterman，1992 年：第 261 頁）一書中，判斷一個企業是否成功時，提到了人力資源。書中闡述道：「像 3M 這樣的公司已經成爲員工的活動中心，而非只是工作場所。3M 有員工俱樂部、公司內部的運動會、旅遊會社、唱詩班等。這是因爲人們居住的社區內，大家都作息不定，因此，社區不再是個人尋求娛樂或情感發洩的途徑，學校不再是家庭的社交中心，教堂也失去了作爲社會家庭中心的吸引力。隨著傳統架構的崩落，某些公司填補了這些空缺，而這些公司已經有點像是有慈母照顧的機構。」

在 1990 年代，對企業而言，其挑戰是釋放員工的創造力，並使員工將自己奉獻給公司。這項挑戰引發了一個相當令人氣餒的事實，亦即全球組織正面臨高素質及教育程度良好的員工短缺，這個問題在已開發國家更是嚴重。因此，在未來十年，爲了尋找最有效率的員工，組織之間會有激烈的競爭，這些員工會被認爲是增加組織價值的工具。受到企業

強烈需求的員工會逐漸被視為有許多不同選擇權的合作夥伴，因此，只有當組織滿足這些員工的責任感、成就感、公平獎勵等個人需求和專業需求時，才會留在組織裡，也只有迎合個人情感和理智的組織，方能吸引到有才幹的員工。

魏根鴻（William Wiggenhorn），摩托羅拉（Motorola）的資深副總裁，對於如何贏得員工的情感與理智做了以下的建議：

> 我相信，過去有許多公司認為人是可以買到的，如果公司沒有適合的技術人員，通常都可以用錢去買。但是，由於人口統計學，現在我們瞭解到錢無法解決一切：因為身懷絕技的人永遠不可能足夠。其次，忠誠度是有價的。若只是將員工趕上大街，再重新雇用新員工，並非長久之計。如果我們要求人們接受改變，還要應付不斷的變革，那麼，我們需要員工對工作做更長久的承諾。（經濟評議委員會報告）

這裡我們要強調的事實是，所有成功的組織都將注意力放在最重要的一項資產：人力資源。人們對於組織外部的效率、生產力、獲利率是建立在以有效率的人力資源為基礎的認知和意識，已經讓人們把焦點放在對「企業的人性面」需有更高的敏感度。

在零售業中制訂優良服務標準的華爾頓（Sam Walton）指出，威名百貨（Wal-Mart）成功的關鍵在於公司與員工之間有良好的關係。

> 我們和員工之間的溝通良好，衷心地幫助同僚瞭解何者為我們的基本人生觀及基本目標，這些全部都傳承下來，另外，還要讓員工熱衷於我們的業務。我認為我們最優秀的技巧和最偉大的成就，是盡我們所能以任何一種方式和員工溝通，時常傾聽他們的心聲。我想，所有優秀的公司都必須具備這樣的氣

氛，和員工擁有一種關係，真正的合作關係。我們必須奮力達成員工的最大利益，優先考慮他們的利益，而這終會回饋到公司。

在知識分享、領導能力、員工動機、科技的有效運用、客戶服務、品質、創新，以及最重要的，和員工建立真誠合作關係的能力等方面，威名百貨無疑是最接近理想的一家公司，但威名百貨做得最好的是與員工之間的合作關係，更確切地說，即是威名百貨所謂的「伙伴們」，這些皆以華爾頓制定的三個原則為基礎（Boyett & Conn，1991 年：第339 頁）：

- 把員工視為合夥人，與之分享所有的好消息及壞消息，他們就會努力做到最好，並讓員工共享成就。
- 鼓勵員工挑戰平淡無奇的事物。通往成功的道路總是佈滿荊棘，失敗往往也是學習的一環，並不是個人或組織的缺點或瑕疵。
- 在所有決策過程中，讓各個層級的伙伴都能參與。主管應該和同僚分享構想，並徵求他們的意見。威名百貨的員工不只被邀請或允許參與決策，他們是被要求去參與決策。

局面正在改變，人的需求也是。不論是個人或團體，他們的角色、需求和責任不斷地將他們轉變為新的模樣，在這些情況下，組織的人力資源功能扮演何種角色呢？

成為較具策略性的功能

今日，人力資源功能有了較具策略性的角色。整體看來，改變中的

企業環境會影響整個企業目前的營運結果、策略夥伴（stakeholder），以及公司策略。人力資源功能在審視或整合成交機會、激勵員工、發展員工優勢，以及創造一個共享公司願景，並將願景轉化成利潤的公司團隊方面，皆扮演著一個重要角色。

人力資源策略不再是一種與企業策略及其進程有所不同的程序，如德州儀器公司（Texas Instruments）、Vyasa Bank 以及 C-Dot 等組織，已經試圖將人力資源策略與事業需求相結合，並使其系統化。圖 1-1 顯示人力資源如何與事業流程相連結。在組織中，事業策略需要特定的企業能耐。麥可波特（Michael Porter）及普拉哈拉（C.K. Prahalad）將此定義為組織的核心能耐（core competence）。為了實現企業的核心能耐，人們的能力需要加以開發，因為這些能力就像是組織的企業能耐。人們的需求決定人力資源策略，這些會經由組織的管理實務反映出來。公司每日的例行事務、互動，以及定期的評估，有時引導著組織策略的提昇。

當人力資源功能的財務性角色及策略性角色增加時，以往典型的人事功能——僅止於行政手續，而非企業整合的功能——便崩解了。人力資源如何形成一個專門領域或功能，何時形成，已經難以得知，而將員工視為夥伴的重要性如何發生，也很難說清歷史源頭，這些都是難以找到明確答案的問題。無論什麼樣的起因，在什麼樣的情況下興起，人力資源功能已經遭遇了某個時期的巨變。過去只是勞工關係的功能，也已發展出為數眾多的涵義了。

人力資源功能的明確模型已經不存在了，每一個組織都是獨一無二的，任何組織的模型不一定適用另一個組織。人力資源功能取決於企業規模、架構、商業哲學以及公司的本質。圖 1-2 顯示人力資源功能如何在某一段期間內，隨著產業環境的改變而演進。企業的轉變是從1850年到1960年的一段漫長時間，因此才有人力資源功能的發展。在1850年，勞工團結時期催生了勞工關係部門，伴隨著眾多產品的出現。由於

企業的複雜性開始隨著工業化的程度增加，因而開始採用生產機械化，技術的改變也成為不可或缺的一部份。

　　這些變化造成對工業生產需求的增加，使得雇主與勞工之間的關係產生改變。隨著社會主義以及「自由」革命的流行，產生了聯合工會。具政治背景的工會干涉產業，開始破除工作信條，集體談判的勞資關係於焉產生，此時，世界各國政府開始著手制訂勞工法規。一種新的秩序——勞資關係——出現了，著眼處理工會與公司、行政部門與工廠工人之間的關係。因此，人力資源功能繼續隨著時間及組織的成長而轉變。

人力資源策略觀　　　　　　　　　　圖 1-1

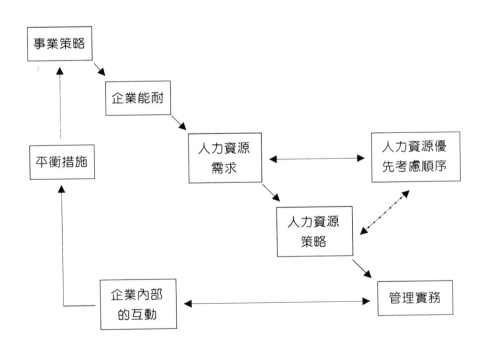

透過人力資源實現策略性目標   專欄 1-2

　　人力資源在 SAIL 的企業策略中已經被視為整合的角色。以策略性目標的實現來說，人力資源發展的重要性可以從公司規劃的前提看出：「SAIL 在大幅提昇產量、精通複雜技術，以及引進大規模自動化機械等遠大計畫之成功，終究必須仰賴人們的努力。」該公司的企業策略視工作文化的改變為：「使其他領域獲得改善，並為現代化而調整組織之不可缺因素。」

（改寫自：Silvera，1990 年：第 97 頁）

　　根據各種行為科學的研究，人群管理與其他管理的學科開始形成一個專門領域。雜亂無章的工業成長形成了公司，在同一個保護傘下的大型企業集團開始掌控產品及服務。這是人力資源發展成為焦點的時機，組織開始在各個領域聘僱專業人員，產生不同的勞動力組合，而且公司進行縮減開支及合併，也使員工——藍領階級、白領階級和其他階級——逐漸意識到員工福利的價值。今日的員工瞭解到，不論是他們的工作或是未來錢景，都是受保障的。在許多公司減少與員工間的長期關係及承諾的時代，人力資源功能的作用有相當大的提昇。雇主們明白，他們必須管理具競爭力及有創意的人力資源計畫，作為維持其市場優勢的長期策略，而人事管理也已經被人力資源發展所取代。

人力資源成為更具策略性的功能

圖 1-2

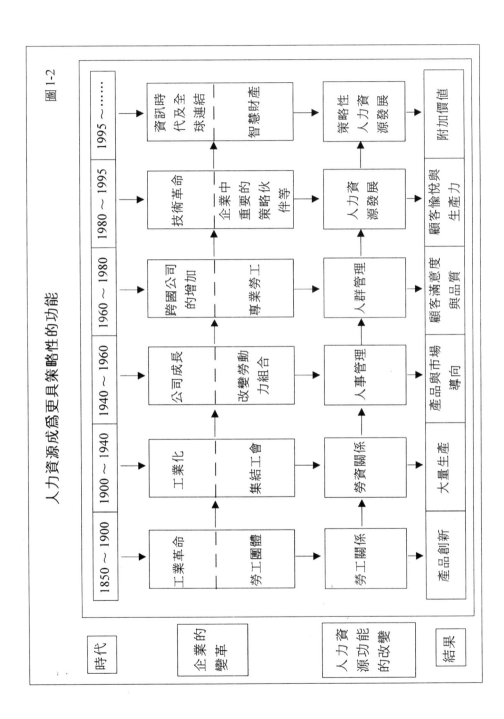

成長中的人力資源角色：   專欄1-3
詳細調查財星雜誌（Fortune）前1000大企業的初步結果

　　某些公司由於先前的表現無法令人感到滿意，因而致
力於成長。表現不好的公司通常是那些強調未來五年保證
會成長的公司。

　　成長與特定型態的僱用關係息息相關，例如以每股盈
餘來看，顯示某些公司的成長較大，這些公司被託付給以
專業精神典範為基礎的工作，或具有精英領導制度特質的
僱用關係。銷售額的成長是另一種績效衡量工具。員工有
較強烈的工作承諾，且員工認為在其他公司的待遇不會比
現在更好時，銷售額的成長較高。

　　早期資料顯示，低成長的公司較會創新，西北大學凱
洛格（J.L. Kellogg）管理研究所的人力資源管理教授如姆
金（Roomkin）認為這是令人相當困惑的事：「可能有許
多公司想盡快利用人力資源，作為改變及成長的標準」。

　　成長率越高，人力資源受重視的程度越高，對人力資
源的績效滿意度就越高。

　　（改寫自：經濟評議委員會No.1201-97-Ch，1997年：第28頁）

關於人力資源功能策略性思考的程度

問題討論 1-1

1. 哪些因素對你所屬公司的人力資源態度產生最大的影響？
   - 人力資源的角色是公司所有運作的支柱
   - 公司對於長期策略利潤的信念
   - 人力資源系統專注在某一範圍的特定需求
   - 經驗的人力資源領導者

2. 選擇並排序下列能力。未來五年內，你所屬的公司需要這些能力來加強人力資源的角色，以維持公司競爭力。

   （4—最關鍵，3—關鍵，2—重要，1—不重要）

   [1] [2] [3] [4]

   - 人力資源管理
   - 領導技巧
   - 對業務的敏銳
   - 對改變的促進與執行
   - 團隊的建立
   - 對個人的訓練與指導
   - 跨文化的溝通
   - 使用多種語言的能力
   - 先進的技術
   - 人力資源資訊系統

3. 你認為下列各項因素對你所屬公司的人力資源功能影響為何？

   （高—4，中—3，低—2，無—1）

   ☐1 ☐2 ☐3 ☐4

   ● 日益激烈的國際競爭
   ● 公司經理人的國際化
   ● 藉由聯盟／聯營、合併、收購而成長
   ● 國家政府機關的劇烈變化
   ● 常規慣例
   ● 先進的技術
   ● 改變員工對工作的期望
   ● 專業技術人才的日漸不足
   ● 改變勞動力的組成
   ● 快速的全球通信

4. 在下列公司業務流程中，人力資源的參與程度為何？

   （主導—4，參與—3，諮詢—2，無—1）

   ☐1 ☐2 ☐3 ☐4

   ● 顧客導向
   ● 生產力的改善
   ● 產品發展
   ● 賠償／獎勵／表揚制度
   ● 知識管理
   ● 文化之建立
   ● 公司再造
   ● 成本之降低及控制
   ● 轉變的領導才能

● 策略聯盟／合併及收購

分析

　　個別加總每個問題裡所有參數的分數，相加後得到累計總數（第2、3、4題，共得3個累計總數），將這3個數分別除以10，即得到3個合計分數，再將這3個合計分數加總後除以3，得到累計分數，此累計分數便可顯示組織中關於人力資源之策略性思考的程度，如下所示：

策略性思考的程度

　　1＝全無人力資源的策略性思考
　　2＝人力資源被視為重要的功能
　　3＝人力資源的某些部分被視為具有策略的重要性
　　4＝人力資源策略存在於公司中，與業務相連結

人力資源 — 智慧財產

　　資訊時代已經過了一半，資訊處理成本的持續降低，使得資訊時代主張資訊是一種商品，資訊已經變成易於買賣的產物了，結果也變得不足以明確劃定競爭優勢的輪廓。因此，智慧財產的快速發展使其成為競爭優勢的「新」來源。**智慧財產**（intellectual asset）**可以定義為，組織為了積極生產所具備的知識、技術和能力之總和**。自 1990 年代初期開始，智慧財產在財經新聞中已是重要因素，而某些商業團體的成員發表相關議題也由來已久，但是大部分的經理人卻到最近才知道它是一個管理議題。當工業時代步入歷史，我們對於智慧財產價值極大化的用處瞭

解多少，卻遠遠落後，且仍不足。

「智慧財產」一詞提供其與其他形式資產的關係，並將知識及智慧資本(intellectual capital)置於同一領域中，視爲財務資產及固定資產。史都華（ Thomas Stewart ）在《**智慧資本：組織的新財富**》（ *Intellectual Capital：The New Wealth of Organization* ）一書中提到，智慧資本是「知識性的原料-可用來創造財富的知識、資訊、智慧財產與經驗」（**人力資源主管評論**（ *HR Executive Review*)， 1997 年：第 4 頁）。雖然這還是一個相當新的概念，但對於全世界的公司而言，卻有顯著的重要性。沃特豪斯（ Price Waterhouse ）用於創造智慧財產的活動是整合性的努力成果，同樣地，摩托羅拉在策略上採用全公司的整體計畫，試圖透過訓練、學習等等的知識管理活動，在智慧財產上建立基礎。

智慧財產的評估還在發展階段，傳統的會計評量方法並不能看出哪裡需要改變，只能描述過去曾經發生的事件。如果智慧財產與結構性資產之間的關係能夠成功地描述其變動，公司就能推算出複雜的成本—包含知識管理、學習、訓練的效率等效益計算。Infosys，專營電腦生意的公司，打從一開始便將他們認爲的智慧資本視爲年度報告的一部份和持續成長的關鍵，進而有系統地追蹤。Infosys計算領先指標和智慧財產比率，將其作爲資本策略的基準。衡量智慧財產並非許多組織最主要的事，因爲其他急迫的問題更具重要性。當企業集團與公司各界正著眼於無形資產的評估時，人力資源團體正在思考無形資產的可評量性，Reliance 、 SAIL 與 BPL 等公司都已經朝這個方向邁進。

人力資源如何提高價值　　　　　　　　　圖 1-3

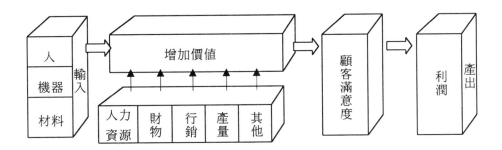

人力資源功能 ── 價值的增加

　　對於雇主而言，人力資源功能的價值在於帳本上的盈虧數字。較高的生產力、較好的品質、較佳的顧客服務、正向的員工關係，以及較低的成本等等，都是創造更高利潤的典型因素，這些因素通常因創造性及有效地執行人力資源而直接獲得改善。從歷史的角度來看，企業體認為人力資源功能是一種支出，而學習則是一種折舊性資產。今日，當我們談到每一個程序與功能的附加價值時，與以往不同的，人力資源被認為是一項可創造未來指數收益（future exponential gains）的投資。他們用來增加輸入之價值的能力是支持組織成功的因素。在這種觀念裡，增加價值是商業活動的中心目的，沒有附加價值的營利事業 - 在其他用途

上，其產出的價值低於投入的價值－便沒有長期存在的理由。許多研究顯示，管理階層察覺到，組織內人力資源功能的附加價值在未來將會增加。

重新思考人力資源專家的角色

「當我們走近櫃臺想要瞭解產品時，櫃檯人員的知識和他對產品的深入解釋，令人印象深刻，我們讚許這位銷售人員的技巧。在進一步的詢問之後，我們發現他是惠普（Hewlett Packard）的軟體工程師，正試著銷售惠普的產品，以便獲得第一手經驗。」（畢德士與華特曼，1992年：第 xix 頁，《追求卓越》一書中對傑出公司的描述）。事實上，專家的角色在各方面來說都處於轉變的狀態。當人力資源功能從以往勞工關係的角色轉變為實質的業務伙伴，且需要以成為公司管理部門的策略夥伴之關鍵去協調其每日職責時，一個決定性的需求便浮現了，即培養人力資源專業人員的新能力，這些能力必須集中在增加策略性思考以及與不同「顧客」更有效率的溝通。當人力資源功能面臨吸引、保留及培養最佳人才的挑戰時，用適當的策略性觀點來看待人力資源是相當重要的。

資深管理顧問沃登（H. Brock Vodden）在《勞動力》（Workforce，1997 年 1 月：第 60 頁）中寫道：「人力資源是每一個組織的心臟，然而，人力資源功能卻幾乎從未被形容為核心或當成核心。」造成這個矛盾的理由是，管理程序在這一點上是零碎的，因為沒有針對人力資源功能的策略性方向。」

沃登解釋，人力資源部門狹義地定義自己，藉由專門化將人力資源功能做一分工：賠償、津貼、招募、選舉支持者等等。「通常沒有一致的原則和人力資源願景。人力資源專業人員因為只注重細枝末節或忽略

了人與企業之間的關係，使自己無法成為策略性角色。人力資源部門是否以有效的方法接近或促成自己的策略性角色，取決於該部門中人們的願景和可信度。」

　　沃登的解釋清楚描述了現在組織對人力資源功能及專業人員的期望。開始以長期為基礎而思考的時候到了，將人力資源的活動加以整合，給予組織中人力資源的職務一個具體的方向。人力資源專家必須運用平衡的藝術，平衡公司得以維持競爭力的需求，以及員工對工作感到安全並對此承諾的需求，他們也必須漸漸平衡員工在工作上及家庭中的需要。

　　這個改變及發展的結果是人力資源的主管現在有一個更寬廣、更具策略性的工作，也因而需要新的技巧。今日的人力資源主管瞭解到，閱讀資產負債表與閱讀計畫文件同樣重要。為了處理工作的複雜性，許多人力資源專家必須瞭解國際事件。他們可能在早上為行政部門設計服務模型，或在午餐時間為一件明確的出資計畫協商外包關係。面對每日各層面不同的需求，找出時間做策略性思考是一個持續的挑戰。菲律賓及中國人力資源管理有限公司（Human Resource and Administration at Philips, China, Inc.）的副總裁許瑞德（Tom Schroeder）指出：「作為重複性高的角色，人力資源在公司文化發生改變時變得更加模糊不清。我們會看到更多人力資源人員忙於每日的營運工作。」（經濟評議委員會報告）

　　人力資源角色的改變正影響著所有層面和事件，無論是什麼事——思考過程的存在或處理個別議題的不同方式。

　　這已經使得人力資源專家依先後順序處理他們的需求，照著他們的角色做密切的配合。他們所扮演的角色依照新興的挑戰與改變的環境來運作。

人力資源真的增加價值了嗎？　　　　　　　　專欄 1-4

　　一個國際多角化製造商因為高度分權的營運，而遭遇到重複成本及重複做工的問題，例如在多個地點處理薪資及紅利，而非集中一地處理。這個製造商能做的，只有在技術方面增加投資。該公司面臨了需要急劇改變其事業的分權傳遞，以獲得效能和成本縮減。

　　該公司轉而求教國際知名的顧問公司，發展出一套新的人力資源服務傳遞模型，這個新模型經由整合區域薪資及紅利的業務，並將數個職務外包，每年因而節省了一大筆花費。新的人力資源模型的特徵包括：在健康和福利、退休金及資料維護上與另外的業主合作，使人力資源程序更有效率。該公司允許員工與福利提供者直接簽訂合約、減少事業單位的困難、消除非核心活動，並且減少將來技術費用的需求。結果，這家公司在一年的時程中，以其主要利潤階段性地進行，節省了在人力資源上的成本，也減少為達成目標而運用的非必要性勞力。

　　在公司人力資源功能的所有層面及整體組織架構中創造一致性時，執行一個新的人力資源傳遞模型，可能是減少人力資源成本和管理職責的解決方法。最好的做法是和一家瞭解該公司的需求，並能幫助該公司完成這些關鍵決策的顧問公司合作：

- 維修功能對淘汰功能
- 在國內採購零件對向國外採購零件
- 集權對分權
- 自動化、簡化或淘汰

> 只有在全盤分析過這些功能及其對公司的影響後，行政部門才能做出關於使用人力資源的最佳決策。

這個新興的挑戰便是人力資源專家如何利用策略性人力資源規劃和重新組織來有效地使用資訊技術，這些技術正開始以數種不同的方式影響人力資源功能。資訊技術（IT）加快了共享的內部行政部門及外包人力資源管理的腳步，再加以傳遞，科技同時也改變了工作組成的方式與第三者之間的關係，或與顧問之間的關係。至於負責這項工作的人選和提供服務的地點，這些賦予了更大的選擇權，因而大大地改變了人力資源功能的角色。

今日，電子郵件、網際網路等等概念，不只IT專業人員在談論，人力資源的從業人員也在討論。隨著資訊技術和全球網際網路逐漸普及，人力資源領域的使用也正在流行，各組織在很早以前，便在人力資源中採用資訊技術的介面。這裡，我們舉一個人力資源團隊利用資訊技術介入的例子。

著眼於網際網路的重要，製雪公司（Snow Manufacturing）的人力資源團隊發展出「網路涼亭」（Internet Kiosk）———一個允許該公司任何員工皆可登入的專用網路區域。他們透過網際網路提供所有員工一般訓練，用以提倡電子郵件的實用性。

哪一項有優先權──業務還是人力資源？　　　專欄 1-5

　　埃斯科集團（The Escorts group）認為在未來「不會出現簡單的解決方式，而成功，會一直取決於管理階層採取的策略性決策是否健全，並且視組織執行這些策略的能力而定。即使沒有更多持續變動的棘手問題和因此而引起的壓力，這些仍會將企業的人力資源面向前推進。人力資源管理，在許多組織中已經相當專業了，但是在實際運作時，仍需要更具策略性。事實上，人力資源管理需要由組織的業務需求所驅策，但是將策略付諸實行時，卻不能喪失批判性的價值觀和人的重要性。高階管理者也需要在策略形成階段提出更多人力資源方面的考量，這並非易事。」

（改寫自：Gupta，1998 年：第 81 頁）

摘要

- 我們處在變動的時代，除了關心企業策略，我們也正在激發對人力資源策略重要性的關切。
- 成功的企業在感知見解的影響和人力資源的策略性管理方面，就像對實務和財務的理解管理一樣多。
- 知識永嫌不足，而組織中重要性日益增加的智慧財產，被認為是新興的競爭優勢來源。
- 敏銳的人力資源專家需要重新思考他們在新時代中的角色，這個角色將人力資源功能變成一個真實的企業夥伴，更具競爭力，也為企業增加價值。

人力資源策略：變革的架構 步驟程序圖			

第一部份 總論		人力資源策略新興的局面	第一章
		人力資源策略的發展	第二章
第二部分 架構	第一步驟	建立人力資源願景	第三章
	第二步驟	掃瞄環境	第四章
	第三步驟	稽核自身的能耐和資源	第五章
	第四步驟	檢視其他的策略性事業規劃	第六章
	第五步驟	定義個別方針	第七章
	第六步驟	整合行動計畫	第八章
第三部分 變革的程序		變革的架構	第九章
		人力資源策略的重新調整	第十章

2

人力資源策略的發展

目標

- 何謂「策略」
- 何謂「人力資源策略」？為什麼需要
- 人力資源的動態發展如何運作
- 人力資源策略能為組織增加價值嗎

▼ ◄ ▲ ◄ ▲ ▼ ▲ ▼ ▲ ▼ ▲ ▼ ▲ ▼ ▲ ▼ ▲ ▼ ▲

　　會議室裡座無虛席，組織中所有高階經理人都出席了。這
次會議相當特別，某一團隊正首次報告長期的人力資源策略。
高階管理團隊沈思許久，卻無法瞭解人力資源這個突破性的概
念。對公司的管理部門而言，目睹長期性人力資源策略變成一
種可能從未被視為企業政策不可缺少的功能是相當新鮮的經
驗。最後，行政部門問了一個關鍵性的問題：「你們從哪裡衍
生出人力資源策略的概念？」該團隊的回答只是簡單的一句
話：「情勢使然。」

▼ ◄ ▲ ▲ ▲ ▼ ▲ ▼ ▲ ▼ ▲ ▼ ▲ ▼ ▲ ▼ ▲ ▼ ▲

策略：入門

　　從最初發展商務貿易的時代開始，企業經營就已經在運用策略，但是直到1960年代，企業策略應該是什麼，才變成公開探討的話題。從那時候開始，人們無止盡地學習、教導、討論著策略。早期的策略性思考，集中在中期和長期的規劃，公司的整體規劃提供了銷售量、收益、成本、利潤等方面的預估，越來越多的公司行號承認，這些策略的運用對於他們實際營運的決策有小幅的影響，而規劃也逐漸退流行了。儘管許多公司仍然維持著正規的規劃循環，但現在有少數公司藉由策略來運作相同的機制，或將同樣的資源專用於策略上。引述麥可波特（Michael Porter）在《競爭策略》（Competitive Strategy，1999年）一書中的內容：「產業中互相競爭的每一家公司行號都有競爭策略，不論這個策略是顯而易見或不易察覺。這個競爭策略可能透過規劃程序明確地發展，也可能經由公司裡不同功能的部門活動逐漸形成。」

　　有趣的是，當代的數學發展已經證明最有實務經驗的實業家長久以來懷疑的事。試圖去預測公司長期的發展，基本上是沒有用的。二十年前，人們相信科技終能克服這些預測的問題，有了充分的資訊和功能無限強大的電腦，商業行為的不確定性可以逐步解決。現在我們知道，這些想法永遠無法實現。就像天氣一樣，企業是一個雜亂無章的系統，只要在起點有些許差異，就會演變出截然不同的結果。我們不能期望預測會越來越準確，但是片段的資訊可以引導我們逐漸趨向於正確的結果。我們不可能知道從今天起十年內的天氣會如何變化，當然，我們也無法預測十年內的利潤會有多少。

　　然而，隨著類推法的使用，事實變得更清楚了，只要認清我們的知識有限，就能學習到很多。即使我們無法得知未來十年的氣候會如何變化，即使條件不完全、不可預測，我們絕對知道夏天比冬天熱，也知道

明天天氣不是只受今天天氣的影響，還有很多其他因素，這些知識對我們的行為有重要的影響。模式的循環和趨勢的確定性是經驗累積的重要因素。同樣地，企業的演變不可能完全可預測或可控制，但也不是偶然發生的過程，需要做好規劃，確定企業演變的界限，並以策略性的眼光看待之。知道組織要走到哪裡是一回事，發展如何抵達終點的策略又是另外一回事。

　　策略應該明智有力、投機取巧，或者，規劃應該以評估組織本身的能耐為起點，本來沒有這些信條，但是某些觀察評論卻常常被誤解。聰明的策略是將分析方法和策略作比較之後的結果——這是一個徹底的誤解。其實，真正的比較是願景、使命、受願望所驅策的策略，根本沒有

比爾蓋茲的夢想　　　　　　　　　　　　　　　　　　　專欄2-1

　　比爾蓋茲（Bill Gates）夢想讓微軟（Microsoft）成為世界第一的軟體供應商。他還是小學生時，就開始了個人的電腦事業，他展現敏銳的商業洞察力，以及對電腦產業潛力有深刻見解的願景。比爾蓋茲不斷地給予這個世界新產品，讓微軟的網路遍及全世界。他採用考慮使用者需要的套裝軟體，這個前所未見的套裝軟體——視窗95（Windows 95）一炮而紅，而MS Office也同樣不惶多讓。今天，微軟已經是世界第一的軟體公司了。比爾蓋茲策略性地操縱、調遣市場，讓大家接受微軟的產品，但更重要的，比爾蓋茲知道他要帶領公司往何處邁進。

（改寫自：Nanus，1992年：第178頁）

分析的東西。這表示，我們無法預測組織經過五年的時間後會處於何處，這並表示我們不能替未來做規劃。

　　策略在衡量組織的能耐之後，就必須快速轉變為如何實現它。就某種意義來說，現在擁有策略的組織已經創造出本身的特質了，這顯然很重要。建立特質的企圖驅使組織發展屬於自己受願望驅策的策略之願景，建立特質的能耐必然是一件可預見其困難度的工作，因為若是不成功，組織很快地便會無法生存。

策略：概念

　　「策略」一詞已經被廣泛使用，在**牛津簡明字典**中，「統馭能力（generalship）」這個詞讓我們見識到策略的重要性。因此，策略和企業高層所做的長期決策有關，並且和經營活動有所區別。策略（strategy）一詞是從希臘字strategos演變而來，意思是「將軍」，在字面上的意思是「指揮軍事力量的藝術和科學」。策略這個術語在今日常常用於公司中，描述組織用來達成願景和使命的步驟。策略關心的是做出何種選擇會得到最大的利潤，因此策略在某種程度上來說，是使組織在達成目標和使命的過程中，能夠決定其他可行的方案，而這些方案可以被完成。根據喬許（Jauch）和格魯克（Glueck）的說法（1988年：第11頁）：

　　　　策略是一組一致的、綜合的、完整的計畫，這組計畫將公司的策略優勢和環境挑戰相連起來。策略是設計來確保企業的基本目標可以透過組織適當的執行而達成。

　　基本上，所有的策略程序可以區分為兩個階段：

- 策略規劃（Strategy formulation）
- 策略執行（Strategy implementation）

策略規劃是指做決策時要考慮組織願景和使命的界定，建立長期和短期的目標以達成組織願景，並且要選擇用來達成組織目標的策略。

策略執行是指組織結構、系統、程序與選定的策略密切配合。這牽涉到做決策時要考慮策略和組織結構的互相配合，提供適合策略的領導階層，以及監督策略達成組織個別方針是否有效。推行策略規模的改變（亦即有長期影響的決策）時，很可能意味著須說服員工改變他們的工作風格和工作方法。此外，他們可能朝著某些不明確、不穩定、不熟悉的事物前進。毫不意外地，策略性變革的管理可能大有問題。（Johnson，1997 年：第 6 頁）

回顧管理方面的策略性決策時，強森（Johnson，1997 年：第 4 頁）暗示這些策略性決策可能和下列各項有關：

- 組織的長期方向
- 組織活動的範圍
- 組織活動與環境的配合
- 組織活動與本身資源能耐的配合
- 策略性決策可能暗指組織所擁有的主要資源
- 策略性決策可能包含了更高程度的不確定性
- 策略性決策可能需要一個整合的方法來管理組織
- 策略性決策可能和持續的改變有關

人力資源策略：意義

隨著人力資源功能的動態變化，以及在本質上使其變得更具策略

性，人們對人力資源策略的需要越來越大。永續成功的公司在人力資源方面，會儘可能及早開始在他們的活動中顯示出獨一無二的競爭地位，並使其具體化。在產業發展的不確定時期，產業基本生產力的疆界被建構起來或重建，爆炸性的成長可以讓許多公司獲得好幾倍的利潤，但是暴利是短暫的，因為模仿和策略性的轉變最後會摧毀產業的收益性，而此時人力資源的策略性定位會引導出方向。帕瑞克（Ashwin Parekh），KPMG泥煤部經理（Director KPMG Peat Marvik）（Dwivedi，1997年：第8頁）指出，許多公司了解到，有效的人事管理策略對於再造工程的成功是非常重要的。

在新興的產業或正遭逢技術變革的企業裡，發展人力資源策略是一件令人氣餒的事情。在這種情況下，管理者在員工需要、最符合需求的政策、最佳的活動技術結構方面，面臨了高度的不確定性。因為這所有的不確定性，使得員工的替換和裁減、具生產力人力之保留和許多其他因素，具有絕對的重要性。舉例來說，軟體業因為持續的技術革新，對人力資源的需要就升高了，指望人類的知識可以用來應付自身的生存和成長。

人力資源策略是組織中人力資源功能的長期性方向，它描繪出符合的系統和有效的程序、資源和環境，適合組織管理其人力資源的最佳選擇。人力資源策略使組織在變動的企業環境中，對於人的管理可以保持其效能及效率。這是一個綜合的方法，涵蓋了極為重要的議題，像是變革管理（在組織的內部和外部所發生的環境變動）、強化能力、文化變遷等等。許多世界性的組織瞭解上述的情況，因此採取針對人力資源問題的策略。在印度率先提到人力資源的組織中，SAIL和L&T是廣為人知且公認的範例。

　　　人力資源策略按照組織的業務功能，策略性地看待人
力資源功能。

　　組織的人力資源策略包含改變的理由、願景、部門使命、顧客定義、設計準則、人際關係、過渡進程和策略夥伴。儘管顧客定義和全面性的人力資源使命發展起來很麻煩，但是最終還是有助於建構整合的策略。組織與公司員工融合為一體，可以使人力資源策略成為受業務驅策的人力資源議題。

對人力資源策略的需要

　　人力資源的領域持續在改變擴張，而人力資源的專業人員必須能夠管理變革，在某些範圍中，也要能預測改變。對於人力資源範疇中可能擴大的問題，與環境協調並尋求人力資源的機會是很重要，以便新的資源和獨創性能夠當作人力資源規劃的一部份來發展。廣泛的人力資源策略應該受到人力資源系統中所有員工和幹部的支持，若是組織缺乏人力資源策略，　會導致個別激勵或疏離、成長或退步的雜集。就如銳步（Reebok）印度分公司最高執行長潘特（Muktesh Pant）（Dwivedi，1997年：第15頁）的觀察評論所言：「在任何一個企業策略中，人比計畫更具決定性。有效的策略執行可能只發生在受到激勵的人身上。」

　　需要有效的人力資源策略有兩個主要原因，一是改變必然發生，二是對人力資源策略的需要能以有條理的方式管理著。對目前政經情勢的觀察、在許多不同型態組織中的體驗、社會潮流和其他資料，讓我們察覺到一些人力資源專業人員和組織領導人在不久的將來必須處理的重要變革。

　　組織必須確定適當的方法來處理這些趨勢，才能使組織在目前和未來的情勢中保持競爭力。這些趨勢反映了一些意義重大的事實，而組織須透過人力資源策略來處理。這些意義重大的事實如下：

人力資源策略對於競爭優勢的影響　　　　　　　專欄2-2

　　我要強調，在人力資源策略的可行性方面，人力資源
策略並非被現實和組織問題所孤立，這一點很重要。必須
確定的是，就促成組織的有效性而言，人力資源策略提出
特殊的組織議題，並顯示出清楚的結果。因此所有的人力
資源策略都必須自公司個別方針和整體目標，以及組織所
採取的概括性競爭策略中形成。不論員工與策略規劃程序
相距多遠，透過這個過程，所有員工都必須認識他們在幫
助組織達成和維持競爭優勢時所扮演的角色。在 SAIL，
我們利用人力資源策略作為主要的基礎，讓公司得以在80
年代末期起死回生。現在，我們還是將注意力集中在
「人」的力量上，用這股力量來還擊企業環境的改變所引
起的挑戰。

（改寫自：Nair M.R.R.，國家人力資源發展網路會議，孟買，1993
年）

「人力是一種資源」的覺察日益增加

　　對組織來說，覺察到把人力當作資產的需要及重要性正日益增加，
管理者知道他們的成功仰賴有效的人力資源管理。對於企業問題，儘管
有一些經過時間考驗的解決方法，但是組織知道他們需要一些新的東
西，一些讓他們擁有競爭優勢的獨創性，因而把焦點放在人力是一種資
源。某些資源配置是在不同的策略和戰術之間的兌換，典型的難題是，

人力資源計畫要比廣告分配或資本設備的投資多還是少才適當。組織需要這方面的指導方針。

資訊科技的衝擊

組織需要會使用電腦和處理大量資料的管理人員，但許多管理人員不能體會現在可用的科技，也無法瞭解或利用。健全的組織單位在和諧中工作，但是維持和發展人與機器之間的新介面，需要自覺的努力。未來的人力資源專家需要具備一般系統的理解力，譬如，如何整合機械系統、財務系統、電腦系統、資訊系統和人力系統的知識。

全球化社會的來臨

利率、通貨膨脹、能源成本、個人花費等影響，以及資本投資的需求，造成必須發展可以有效使用組織所有資源的策略性人力資源程序。需要改善生產力並負有責任是主要的重點，諸如需要為工作績效的改善提高創造力和責任感。

人們對組織忠誠度的降低

有能力的重要管理人員之流失是一個嚴重的問題，組織應該發展一些方法，譬如提供新的獎勵制度、新的機會和責任，來激勵高階管理團隊的成員留任。組織忠誠度過去是一個激勵的概念，但現在很多高級主管卻痛苦地意識到，他們自己成功的經常性跳槽和招募工作已經建立了一套「我先來」的模式。

適合組織的人力資源策略　　　　　　　專欄2-3

　　為了確保在印度的子公司可以順利開始營運，跨國公司會及早招募人員。大部分的跨國公司在開始營運一年前就雇用主要的人員，這些人員被分發到總部或其他海外的執行部門。這是一個昂貴而且有風險的運作方式，但是為了有好的開始，通常必須這麼做。現在，大部分的跨國公司傾向於在當地招募人才。美國銳步公司在印度設立時，用了很多方法，從美國另一家傑出公司—百事可樂，將潘特（Muktech Pant）挖角過來。百事可樂則替換了原來在印度的總經理凡高（Ramesh Vangal），而改由土生土長的新哈（P. N. Sinha）負責，他原任職於英荷合作的企業集團聯合利華（Unilever）在印度斯坦的子公司利華（Lever）。

（改寫自：Monappa & Shah，1995 年：第 12 頁）

生活水準和員工期望的增加

　　「新工作者」使高階管理者感到困惑，金科玉律不再是了解勞工需求的關鍵。金錢、晉升和風險對今天的勞工來說，沒有足夠的誘因。彈性工時、品管圈和工作生活的品質，這些議題相當流行，其中對工作的豐富性和責任加重有更多的需要。

變革管理與衝突管理

人力資源專家擔心組織把精力用在內部衝突上，總裁用他們20%的時間來管理組織衝突，副總裁和中階管理人員也是。學習如何幫助敵對的派系處理爭端是極為重要的事。

知識爆炸

缺乏足夠的知識和技能，對部分管理人員來說，是嚴重的問題。大部分的管理人員缺乏必要的數學素養，無法瞭解和使用可供決策參考的資料。提供這方面的訓練和發展是當務之急。

組織複雜度漸增

當一個組織日益龐大，使命也擴大時，監督和管理組織健全性的程序就變得更複雜且更不明確。為使資源的浪費降至最低，必須預先考慮到可能發生的問題，並採取策略性的資源配置。溝通和分析日益複雜的領域之需要，已經很明顯了，當改變和彈性需求成為組織的一部份時，就需要新的、能快速反應的組織結構。為組織的既定目標或使命選擇最適當的結構，是極為困難的任務。

聚焦於績效

提出在績效管理上需要人力資源經驗和實驗的組織，已經發表了一套績效評估制度，並重新審視這套制度是否真的讓組織達成績效改善、責任分明、生產力增加。

　　就人力資源的觀點來說，若組織、企業單位或部門擁有實現方案的必要能力，或能夠得到這些能力，任何組織的策略方案都是可行的；否則，養成、保持、發展、激勵這些必要能力的成本，在可行性上就必須合乎經濟效益。

人力資源的需求　　　　　　　　　　　　　問題討論 2-1

- 人員留任的爭議是否為組織的主要問題？
- 組織是否覺得缺乏有能力的員工？
- 組織是否正經歷任何複雜的結構問題？
- 人力資源的配置是否為了特定目的？
- 分配給人力資源功能的物質資源是否公平？
- 員工對於組織程序是否越來越不滿意？
- 高層主管是否未優先考慮變革管理和衝突管理？
- 組織是否正遭逢任何影響人力資源的重要企業變動？
- 組織的人力資源程序是否未與組織整體目標和使命相連結？
- 人力資源功能是否被視為一種成本或利潤中心？

分析

　　如果這些問題的答案大部分為「是」，那麼，組織絕對需要人力資源策略。

人力資源策略模型

　　人力資源策略的發展演變可以透過房屋模型（house model）來描述，這模型不僅將人力資源策略和企業需求結合在一起，也併入了策略夥伴的需要和期望。我們透過人力資源策略發展的六個步驟所要建立的房屋模型，最後會成為完整的架構，也會開啓一連串有形或無形的改變；這些改變不單是動態的改變，還會持續地發生。這個人力資源策略的房屋模型不僅反映出模型建立的發展流程，也反映出最後的人力資源策略包含了人員管理的軟性議題。

　　房屋模型的概念需要加以解釋。我們相信，組織是完整的社會機構，無數人們的信念深伏其中，是展現人們雄心壯志的地方；組織也是結合人力的機構，將人力資源的力量結合在一起，以實現組織的企業需求。它眞實地反映了家族精神和家庭制度，而且提供人力資源策略一個空間——不僅企圖增強組織的宏願，還驅策組織邁向未來，以及給予整個機構所需的支持。這就是房屋模型的概念。

　　當我們在建構房屋模型時，有一個實際的假設是，策略夥伴的利益帶動組織願景的形成，而人力資源策略則倚靠組織願景爲基礎。願景是組織的長期焦點，它指出達成企業目標的方向。一般說來，願景把焦點放在企業目標上，並且清楚地回答出組織存在的理由。人力資源策略是組織願景導出的結果；因此，願景是人力資源策略的基礎。

　　策略夥伴是構成願景必要的一份子。策略夥伴——如顧客、員工、供應商、股東、政府當局、金融機構和社會——是這個房屋模型不可缺少的組成要素。策略夥伴期待組織有某種程度的成果，這些成果是組織以最適當的方式去努力實現而得。身爲策略夥伴，員工扮演了雙重角色：他們和其他策略夥伴一樣對組織有所期望；他們也是唯一爲了組織伴的期望而工作的人。

人力資源策略的房屋模型　　圖 2-1

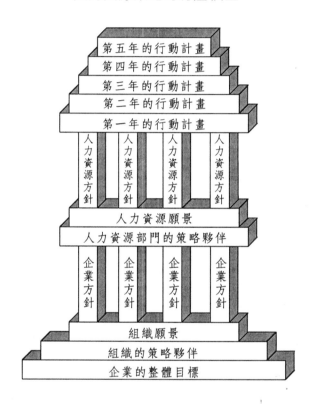

第五年的行動計畫
第四年的行動計畫
第三年的行動計畫
第二年的行動計畫
第一年的行動計畫

人力資源方針　人力資源方針　人力資源方針　人力資源方針

人力資源願景
人力資源部門的策略夥伴

企業方針　企業方針　企業方針　企業方針

組織願景
組織的策略夥伴
企業的整體目標

　　一旦確認了需求，就要分析策略夥伴的期望，組織願景的形成就是以此為基礎。現在，因為這個目的，我們假設企業策略存在。因此，源自於業務需求的企業目標是結構的樑柱，提供實現組織願景所需要的支持。人力資源策略願景源自於組織願景，但是隨時記住人力資源功能裡

的策略夥伴，只有在考慮人力資源功能必須達成的策略夥伴之利益時，才能夠形成有效的人力資源願景。這個部分，我們的論點是，即使我們並未確定人力資源的策略夥伴是誰，就長期而言，最後人力資源願景也應該達成策略夥伴的利益和業務需求。

人力資源個別方針是從人力資源願景發展出來的。人力資源個別方針藉由支持人力資源願景的完成，來作為強化人力資源策略結構的樑柱。人力資源個別方針的形成不應單獨訂定，而應該把環境的變遷、策略性事業單位的需求、能耐的水準都考量進去。

一旦人力資源個別方針的支持樑柱確立了，詳細的行動計畫就可以接著擬訂。這些步驟如此設計，是因為它們須面臨變化的盛衰境遇與通過時間的考驗，並且須對人力資源個別方針的樑柱給予庇蔭。因此，如此有系統的行動計畫變成了房屋模型的屋頂，每一年的行動計畫就根據前一年的計畫而訂。

人力資源策略：程序

管理科學正急遽地進步及多樣化。在所有的管理領域當中，每個管理者會去採用新的工具和技術、在組織中實驗管理方法，已經變成一種趨勢和傾向。我們也發現，這些技術在應用時並不如想像中容易。每個系統，不管是多麼優秀的系統，只有適當地執行時才會成功。為了成功地執行系統，必須清楚地定義系統中的每一個程序。照著這個程序，我們涵蓋了方法論以及演化而來的整個配套措施。

人力資源策略是一種給予組織長期方向的機制，而且是透過程序來發展，其演進分析出人力資源的運用狀況，並規劃出未來的行動路線。

人力資源策略程序是一個將替代的人力資源任務和企

業程序整合在一起的程序，以提供組織競爭優勢。

　　人力資源策略程序和做出以下幾項決策有關，包括界定組織的人力資源願景和個別方針、組織資源的有效利用，以及設法保障組織在其所處環境中的價值性。

　　所有策略形成的過程須透過研究和有效參與，並以需求評估為根據。我們將連續的步驟連結起來，導出人力資源策略，進而得到想要的結果（請參閱圖表）。

　　人力資源策略是透過六個連續步驟所演變出來的結果，每一個步驟所產生的結果是下一個步驟的有效輸入。舉例來說，發展出人力資源願景之後，在界定人力資源個別方針時，這個願景就是輸入，也就是第五步驟的內容。同樣地，在完成人力資源行動計畫時，掃描環境的結果和能耐的評估須牢記在心，整合這些結果可以定出全盤的人力資源策略。這些步驟如下所示：

　　步驟一：建立人力資源願景
　　步驟二：掃描環境
　　步驟三：稽核自身的能耐和資源
　　步驟四：檢視其他的策略性事業規劃
　　步驟五：定義個別方針
　　步驟六：整合行動計畫

建立人力資源願景

　　願景提供絕大部分的組織活動之方向。若公司的人力資源願景不存在，那麼結合組織、重要策略夥伴的需求，並得出一個整體，就會很重要。這不僅須考慮組織存在的中心目的，也須考慮到各策略夥伴的價值觀。願景應該先加以確認，策略只是依照願景來制訂。

步驟程序圖

人力資源策略：變革的架構
步驟程序圖

第一部份 總論		人力資源策略新興的局面	第一章
		人力資源策略的發展	第二章
第二部分 架構	第一步驟	建立人力資源願景	第三章
	第二步驟	掃瞄環境	第四章
	第三步驟	稽核自身的能耐和資源	第五章
	第四步驟	檢視其他的策略性事業規劃	第六章
	第五步驟	定義個別方針	第七章
	第六步驟	整合行動計畫	第八章
第三部分 變革的程序		變革的架構	第九章
		人力資源策略的重新調整	第十章

掃描環境

　　一旦確立了願景，就應該著手分析外部的參數、評估環境中的改變，如此一來，或許可以讓組織確認會對人力資源策略成功執行造成威脅的因素，或許也會直接發現創造公司優勢的機會。另外，現有人力資源策略（若有的話）的輸入也應併入考量。

稽核自身的能耐和資源

　　一旦主要的參數確認之後，就應該稽核內部能耐，以便找出弱點並確認哪些技術需要升級。實質資源和其他領域的稽核是人力資源策略是否成功的決定性因素。

檢視其他的策略性事業規劃 （SBP）

　　一般而言，策略性事業規劃並未考慮到組織的人力面向，因此將人力資源策略和其他策略性事業規劃整合在一起是很重要的。這意味著應分析其他策略性事業規劃，並且從所有的策略性事業規劃中把人力資源構面獨立出來。各方面都應該強化，藉由重視成功的決定關鍵，譬如招募、訓練、地域性的需求等，並在人力資源策略中加以整合。

定義個別方針

　　當擁有適當的人力資源，且有公認的不足之處時，人力資源的處境及其動態就變得很容易了解。能耐水準的全面觀和策略夥伴的需求應該與人力資源功能的個別方針和整體目標一起定義。每一個個別方針的時間範圍都應該指明，組織也應該確定關鍵性的組織成長整體目標。

人力資源策略程序   問題討論 2-2

1.你認為你所屬的組織什麼時候需要發展人力資源策略？
   ● 不需要
   ● 立刻需要
   ● 在不久的將來
   ● 預期會發生任何企業變革時

2.你認為你所屬組織的人力資源策略應該注意些什麼？
   （1—高度注意，2—中度注意，3—低度注意，
    4—不需注意）

   | 1 | 2 | 3 | 4 |

   ● 與企業策略一起調整
   ● 透過人力資源來達成競爭優勢
   ● 併入產業的變革程序
   ● 人力資源功能所促成的盈虧
   ● 系統強化
   ● 提供有益於工作的環境
   ● 在組織中發展激勵動機

3.你認為在你所屬的公司裡誰最有責任去發展人力資源策略？（請每一個時段只選擇一位）

   | 現在 | 以後 |

   ● 部門主管
   ● 人力資源專家
   ● 部門主管和人力資源專家之間的參與者
   ● 高階管理顧問

整合行動計畫

　　一旦定出要達成的目標，個別方針也各就其位時，就應該制定出詳細的人力資源行動計畫。此等行動計畫採用人力資源系統的型式和層級去執行。在定義出要執行的系統之後，每一個系統應該規劃出時間表，並將所有的系統合併於該年度的特定階段。

週而復始的人力資源策略循環圖　　　　圖 2-2

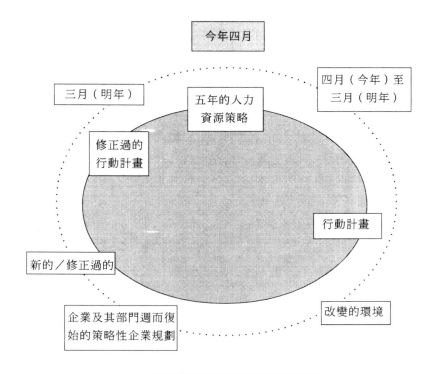

週而復始的計畫

任何人力資源策略的時間範圍要看組織的業務性質而定，舉例來說，快速發展的組織或組織具有易變動的業務性質時，應該發展較短期的人力資源策略。在企業的孕育期，組織需要維持某個程度的能耐水準，比較明智的做法是保持較長期的人力資源策略，這麼做可以將對於變革的因應措施考慮進去，就像需要更穩定的系統一樣。若只是逐步發展行動計畫，但沒有為這些計畫的結果做應變準備，顯然會有缺陷。

基本上，人力資源策略是以五年為一時段來發展。舉例來說，假設我們想要發展 2000 至 2005 年的策略，策略的第一階段就是 2000~2001 年。如同我們之前所述，長期策略是動態的，而且取決於企業環境中的變化，因此，策略是以每五年為一週期逐年適當地修改，這就形成了週而復始的策略。譬如，第一個計畫是 2000 到 2005 年，第二個計畫應該是 2001 到 2006 年，第三個計畫應該是 2002 到 2007 年，然後是 2003 到 2008 年，依此類推。

在會計年度開始的時候，長期的人力資源策略應該準備付諸實行。當我們修正人力資源策略的行動計畫時，應該考慮到改變的環境和經營團隊的策略性事業規劃。舉例來說，若組織1999~2000年開始的人力資源策略聚焦於技術能力和較多受資訊科技驅策的員工，就必須訂出和這個方向有關的人力資源策略。然而，若組織了解到本身面臨了2000年時千禧危機（Y2K）的嚴重威脅，但不需要網頁設計專業人員，只需要有能力可以處理Y2K的員工，則組織可以由此推演出人力資源訓練策略，並集中在該領域中更多的察覺和技術發展。因此，策略的干預會隨著企業環境中的變化而改變。這就是短期的人力資源策略。

如果我們分析人力資源策略的其他構面，看起來就不一樣了。因此，假設組織為我們第一次討論的同一家組織，時間為十年，該組織想

動態的人力資源規劃　　　　　　　　　　　　　　　　專欄 2-4

　　　某化學公司的總裁在一場高層會議中宣佈,由於進口
政策的改變和海外市場價格的波動,公司正面臨嚴厲的競
爭,因此所有主管必須馬上把精神集中在成本的縮減上。
大家提出對成本縮減的建議,其中最主要的一項是人力成
本的縮減,全體一致同意「不再招募新的員工」,人力資
源部的主管無話可說。這一家公司去年還在討論著要建立
足夠的人力,以滿足即將出現的大量出口需求。招募是去
年的重點之一,現在人力資源部主管還忙著努力滿足公司
裡不同部門持續需求的人力。需求評估已經實施將近三個
月,讓她查看目前的困境。她今年定下的策略受到嚴重的
中斷,於是坐下來重新擬定逐步淘汰人力的新時間架構。

要成為提供所有軟體解決方案的公司;其中一個策略性事業單位計畫要
成為該領域中最大的網際網路服務提供者(ISP)。該組織的人力資源策
略就會把上述計畫銘記在心,並且會考量實現這個理想所需要的人力。
該組織的人力資源策略會集中在能力和必要的訓練、設計一些津貼來留
住這些有能力的員工、組織需要建立的文化,以及大多數策略夥伴的期
望。根據企業環境中的變化、競爭的性質、技術的變革、政府對網際網
路服務提供者的政策改變等因素,這個策略需要每年重新察看、重新修
正及更新。

　　這複雜的循環可以透過週而復始的計畫來有效地管理,因為週而復
始的計畫是界定人力資源策略最適當的方法,因為人力資源的工作需要
定期更新。將改善程序方面的內部和外部回饋併入,此時就變得十分重

要—因此，「動態的人力資源策略」就形成了。持續實行的成果是緩慢且循序漸進的，短期目標可能無法達到確實而具體的成果。

人力資源策略發展時的考量

人力資源策略發展的過程是一連串複雜的活動，必須考慮到幾個不同的構面。我們在下面逐一討論。

策略夥伴的期望

組織和行為方面的思考反映了策略夥伴的利益和目的，人力資源策略發展時應該牢記為不同派系而定的策略之直接或隱含的期望。人力資源策略是一個長期的方向，不應該只是注意這些策略夥伴短期的展望和利益，而必須考量到對每個策略夥伴的成長之長期影響。以三星公司（Samsung）為例，它倚靠員工的努力而成功。當員工受到公司的支持且感到滿意時，顧客滿意和公司的持續成長才有可能實現。

系統的應用方法

使用何種分析方法來進行人力資源策略發展，會決定所擬定之策略的品質，這意味著不同的替代方案應該受到合理的評估，而評估的重點在於組織的實際應用、成功的配套措施、可行之替代方案的可利用性、結果等等。此外，也可以思考受時間限制而出現的問題，以及所達成的結果是否適合組織。

直覺法

　　不論各種替代方案是否實用，都不應該忽略人力資源策略發展的直覺方法，這是很重要的。當我們考慮無形的人力資源因素時，經驗和習慣決定了整個策略能否成功。直覺法訴諸於各種利益關係人的情感，舉例來說，與員工相比較，組織中佔優勢的環境特性是考量可行方案時的因素之一。舉例來說，1955年完成迪士尼樂園（Disneyland）之後，華德迪士尼（Walt Disney）發展了一個訓練概念來實行其企業哲學，也就是給予社會大眾所有可能的事物。最初，迪士尼大學由訓練中心組成，本來只是為員工所使用。1986年，迪士尼大學開放給其他企業來學習迪士尼樂園中的「迪士尼風格」。迪士尼學院灌輸華德迪士尼的信念：「學習的地點和所學一樣重要」。

摘要

- 策略不是新的概念。本書探討的不是企業策略，而是人力資源策略，一種以策略性觀點來看待滿足企業需求的人力資源功能。
- 人力資源策略對成功的組織而言，是企業的基本命脈，也是不可避免且須孤注一擲的因素。
- 人力資源策略的發展過程是一個週而復始的六步驟程序，一個永無止境的探險旅程。
- 在人力資源策略的發展過程中，具直覺力並加以實際應用是很重要的。

第二部份

架構

自古以來，人類的建築只有兩個目的：一是純粹提供溫暖和保護的功利用途；二是利用巨石記載為政者的顯赫功績，使人們銘記於心的政治用途。功利用途滿足一般老百姓對住的需要；但是神殿和皇宮是為了激發人們對神聖力量的敬畏之心，或是為了炫耀他們當時的功績。

—羅素（BERTRAND RUSSEL）

我們可以從功利用途和政治用途兩方面來看人力資源策略的發展。首先，不論組織是貧是富、是小是大、是虛擬或實體，我們相信，人力資源策略的架構適用於人力資源功能最基本、最重要的需求處。其次，我們的信念是，人力資源策略可以設計來激發成功的組織中產生令人敬畏的氣氛，並透過優越的人力資源資產使他們繁榮昌盛。

我們在前一章已經透過房屋模型描述過人力資源策略架構的六個步驟，這個架構始於界定組織願景，終於行動計畫的整合。房屋模型的每一步驟，都使其成為完整的架構。

| 人力資源策略：變革的架構
步驟程序圖 |||

| 第一部份
總論 | 人力資源策略新興的局面 | 第一章 |
| | 人力資源策略的發展 | 第二章 |

第二部分　架構	第一步驟	建立人力資源願景	第三章
	第二步驟	掃瞄環境	第四章
	第三步驟	稽核自身的能耐和資源	第五章
	第四步驟	檢視其他的策略性事業規劃	第六章
	第五步驟	定義個別方針	第七章
	第六步驟	整合行動計畫	第八章

| 第三部分
變革的程序 | 變革的架構 | 第九章 |
| | 人力資源策略的重新調整 | 第十章 |

3

步驟一：
建立人力資源願景

目標

● 何謂願景？它如何形成

● 為什麼需要人力資源願景

● 人力資源願景涵蓋的內容為何

● 人力資源願景如何發展

▼◄ ▲▼ ◄ ▲ ▼◄ ▲ ▼◄ ▲ ▼◄ ▲ ▼ ◄ ▲ ▼ ◄ ▲

在達曼（Daman）一處美麗而靜謐的阿拉伯海岸邊，
二十五位來自不同部門的主管正聚在一起，氣氛輕鬆和樂
地在營火邊休息、烤肉。他們把公事和家中瑣事拋諸腦
後，協商著把組織帶進二十一世紀的最佳方法，他們的任
務是逐步發展組織的願景（vision）與使命（mission）。
超過三天熱烈討論所得到的結論，提供了組織生存下去的
理由。

▼◄ ▲▼ ◄ ▲ ▼◄ ▲ ▼◄ ▲ ▼◄ ▲ ▼ ◄ ▲ ▼ ◄ ▲

願景：是一種想法

可曾想過，在這個宇宙之外還存在著什麼？在成長的過程中，可曾夢想將來想做的事？身為組織的領導者，對於要將組織引領到何種境界，是否有清楚的概念？如果這些問題中任一題的答案是肯定的，那麼，對你來說，瞭解願景是什麼以及建立願景是比較容易的問題。願景是一種強而有力的力量，形成人們的未來，實現人們的夢想。

我們舉一個跛腳的老人為例，他的眼睛早就看不清楚，體力也一直衰退。但是老人有一個夢想，一個讓他繼續前進的夢想，那就是去見識美麗且撼動人心的喜馬拉雅山。他不知道要怎麼做才能實現這個願望，但這是他真正想做的事，這就是老人的願景。就好比在消費者耐久市場中，與競爭對手相較之下地位很低的公司，卻出乎意料地想要成為該領域的第一名，但這只是個夢想。願景並非只是夢想，而是可以實現或努力奮鬥去達成的事，是我們渴望完成的事。任何曠世巨作剛開始都只是個夢想。世界七大奇蹟之一的泰姬瑪哈陵，原來是蒙兀兒（Mughal）帝國的國王沙賈罕（Shah Jahan）為了表達對妻子穆瑪塔滋瑪哈（Mumataz Mahal）的愛而建造。

成功的人學習創造行動計劃去實現他們的願景；他們有能力將夢想轉變成存在的、以經驗為依據的實體。是什麼突顯出甘地、亞里斯多得、亞歷山大和希特勒的豐功偉業呢？主要地，當然就是想像的能力，以及將願景轉變成現實的重要潛能。就是這種想像和朝著現實前進的能力讓他們如此成功。如果組織沒有清楚的願景，就失去了存在的基本理由。若組織的願景不能與全體員工分享，也會產生問題。顯然，當員工自覺地提出他們想要如何一起工作，以及他們必須做什麼的問題時，他們就是分享著共同的願景。

<table>
<tr><td>

偉大的夢想，深切的承諾　　　　　　　　　　專欄 3-1

　　Reliance 工業集團總裁阿姆巴尼（Dhirubhai Ambani）
一直夢想著讓他的公司成為一個世界性集團。他認為：
「我們的夢想要更遠大，抱負要更崇高，承諾要更深切，
我們要付出更多努力，這是我對 Reliance 的理想。」這些
都反映在公司的辨識標題上，「在 Reliance，成長才是生
存之道。」一般大眾認為阿姆巴尼是一名紡織業人物，只
有消息靈通人士才知道他的長處在於行銷。阿姆巴尼看到
的是產品的行銷潛力，絕不可忽視的是他帶有激勵性的承
諾。從小規模的營運開始，Reliance漸漸成長，成為印度
工業界中的第一把交椅，在全球的商業市場中，也成為一
個優秀的競爭者。

（改寫自：阿姆巴尼接受華頓商業學校（Wharton Business School）
　　頒發榮譽博士學位時的演講詞，印度商業（Business India），
　　　　　　　　　　　　　　　　　　　　　　　　1998 年 6 月）

</td></tr>
</table>

　　願景不只是組織的利潤、活動、企劃或計劃的組合——不只是貨品
和服務的產物。願景是組織將會變成的概觀，就像組織對重要政策的聲
明一樣，願景製造了小至每日例行工作，大至組織更遠大的目標之間的
連接。

　　所有的組織願景都告訴員工他們在做份內工作時什麼是真正重要的
事，有時候願景會訴諸文字，有時候則否，但是，只有在願景被清楚地
界定、行文記載、表達清楚後，才會成為如何擬定決策、如何解決問
題、如何達成願景的決定性因素。以這種正式的形式處理時，允許員工

存在的願景：泰姬（Taj）的人生觀　　　　專欄 3-2

　　在泰姬旅館集團（Taj Group of Hotels）中，公司文化是以創立者的個性和願景為基礎。對塔塔（Jamsetji Tata）來說，泰姬瑪哈陵飯店的開發是他個人的投入，尼赫魯（Nehru）曾經稱他是「單人計劃委員會」，塔塔在心裡想像著泰姬瑪哈陵飯店會成為吸引外籍旅客的磁鐵。在泰姬旅館集團中，邊做邊學的過程就是一種與眾不同的哲學，泰姬旅館的團隊相信，位居高位者從一開始就必須藉著自己動手做來學習各種最低下的工作，只有這麼做，他們才能夠對員工具有同理心，並示範達到卓越績效的方法。

（改寫自：Silvera，1990 年：第 97 頁）

親身感受變成一種他們對組織貢獻負責的機制。一個擁有正式陳述的願景可以是有力且長久的，因為願景是以人為中心，人力資源發展團隊對員工支持的願景仔細檢查並做出反應是絕對必要的事。

　　對組織來說，任何願景都是想要的未來或理想未來的精神模式，但除此之外，還有什麼願景有能力使組織煥然一新或轉變呢？讓我們來看豐田汽車（Toyota）在製造運輸工具上的夢想——後來被稱為 Lexus（凌志汽車）——精密地設計來超越現在高性能房車的標準。或者，我們來看看華德迪士尼想要建立一個新型態奇趣樂園的願景（Nanus，1992 年：第 28 頁）：

　　迪士尼樂園的構想很簡單，它要成為人們尋找快樂和知識的地方，它要成為父母親和子女在彼此陪伴下度過歡樂時光的

地方，老師和學生發現更多知識和教育的途徑。在這裡，老一
輩的人可以重新憶起往日情懷，年輕一輩則有挑戰未來的味
道。這裡讓所有人了解到自然界和人類的奇蹟，迪士尼樂園以
信念、夢想和建立美國時的奮鬥事蹟為基礎，並投入於此。它
是唯一有資格將這些夢想和事蹟改編成戲劇的地方，並將這些
夢想和事蹟當作勇氣和激勵的來源，傳遞到世界各地……迪士
尼樂園融合了博覽會、展覽、遊樂場、活動中心、現代生活的
博物館，以及美麗與魔法的表演場地。迪士尼樂園充滿著我們
生活的世界中種種成就、歡樂和希望，它在提醒我們的同時，
也讓我們知道怎麼讓這個奇蹟成為我們生活的一部份。

　　大規模的公司瞭解什麼無須改變及哪裡需要改變之間的差別。這種
管理連續性以及改變要求自覺熟練的素養之傑出能力，和發展出願景的
能力結合得很緊密。願景是維持之事物以及未來刺激進步之事物的指
引，但是願景已經變成一個過度使用的詞彙，還被人誤解，為不同的人
像變魔術般想像出不同的影像——被深植的價值觀、傑出的成就、社會
目標、公司生存動機或理由。

　　願景不只在組織突然出現的變局中扮演重要的角色，在整個組織的
生命週期裡更是如此。願景是一個路標，指引著需要瞭解組織是什麼以
及組織會往哪裡走。當組織需要改變方向或完全轉變時，第一步應該就
是一個新的願景，並對每一個和需要根本改變且正在改變的組織有關的
人吹起床號，因為這一刻遲早會來到。

　　組織的願景聲明敘述了組織生存的理由，這個陳述應該界定出組織
的大方向或企業方針，指明組織的產品和服務，詳細說明組織目前及三
至五年的時間範圍內所服務的市場。對組織來說，願景指出了真實、可
信、具吸引力的未來之可能性，並連接著組織應該致力的目的地，亦即

看得更遠　　　　　　　　　　　　　　　　　專欄 3-3

　　最近在印度召開了一場由第一流學府所組成的全國性
會議，一位公司的最高執行長在報告基本方針的演講時說
道：「最近，我在美國參加了一場名為『我們的星球之外
（Beyond Our Planet）』的會議，與會者包括優秀的來賓、
美國參議員、頂尖科學家、企業領導人、經濟學家。討
論的主題只有一個，科學家已經偵測到與地球上任何聲波
都不符的聲波，這些聲波來自一個不為我們所知的星球，
他們顯示出比地球存在了更先進的生活型態。和這些生活
型態互動的可能性在未來可能會成真，而現在，我們不想
浪費時間和精力在推測或使這種可能性見效的事務上面，
但是當那一刻來臨時，我們全部都會想知道為什麼我們沒
有培養出願景式的思考。」

和當下相較，哪些重要方向的未來對組織來說，須更好、更成功、更令
人滿意。願景是提供前進的基礎，是欲達成的目標。願景給了組織一個
全面性的長期方向。舉例來說，印度憲法是一部記載印度國父願景的成
文憲法，確定了清楚的方向，也界定了價值觀，只是未詳加敘述如何達
成的方法。

　　願景只是讓組織有更令人滿意的前途之概念或圖像，但是適當的願
景非常能讓人受到激勵，因為藉由喚起使其成真的技能、天份和資源，
實際上有助於啟動未來。舉例來說，亨利福特（Henry Ford）要讓大眾
普遍買得起汽車的願景，史蒂夫約伯斯（Steve Jobs）有個人桌上型電腦

的願景，都是強而有力的概念，所以他們立刻就吸引到投資者和有才幹的員工。或者，試想印度政府資訊科技發展部門的願景：

- 在往後十年內建立印度全球性的影響力
- 將電子的優勢帶到生活的每個角落
- 透過關鍵性的應用、政策體制、技術提昇做出回應

願景有時候是全新的—不是現有活動的變化版，也不是仿效其他組織正在實行的願景——但有一樣絕對是新的，那就是清楚表示進步的創新變革，而這種變革也是一個提前的措施。願景和策略也不需極為創新；事實上，最好的願景和策略不一定是全新的。有效的企業願景一般具有差不多的世俗性質，通常是由眾所週知的構想所組成。構想的獨特組合或模仿也許是新的，但是有時候並非如此，以美孚石油簡要的願景為例，願景內容提到要成為卓越的公司、將利潤回饋給策略夥伴，並注重生活品質：

> 美孚石油必須成為優秀的全球性企業，一家所有員工以自豪所建立的公司，並且樹立卓越的標準。美孚石油要成為一家帶給顧客重要價值的公司，並且提昇我們這個共同體的每一份子之生活品質。

願景最重要的不是原創性，而是滿足不同層面需求的程度，這些層面包括—顧客、策略夥伴和員工——另外，願景能否容易地轉成實際的競爭性策略也很重要。弱勢或牽強附會的願景容易忽略正當的需要和重要顧客的權利——也就是重視員工多於顧客或策略夥伴。簡而言之，願景必須使每一方都能滿意，而且是一項無畏、有價值的挑戰。

夢想與先鋒　　　　　　　　　　　　　　　　專欄 3-4

　　金恩（Rollin King）是一家小型通勤班機服務公司的
創辦人，西南航空（Southwest Airlines）是他獨創的概
念。有一次金恩的財務專員帕克（John Parker）向他抱怨
來回在休士頓、達拉斯和聖安東尼奧之間有多不方便，費
用又昂貴，於是啟發了金恩，繼而啟動州際的航線。在
1966 年後期，這實在是難以想像的冒險事業。

　　西南航空的歷史是一個勇氣和毅力的故事，一群拓荒
者打敗不可能獲勝的機會，去實現他們的願景。美國航空
業的歷史上沒有任何一家載運公司面對西南航空所經歷的
激烈鬥爭後還能生存下來。西南航空的特色源於它傳奇的
開端；事實上，在還沒了解它的過去之前，根本不可能了
解西南航空的人員、文化和內部工作。使西南航空能夠生
存的精神和堅定不移的信念，是促成西南航空今日成為一
家卓越公司的原因。

　　　　　　　　　　（改寫自：Freiberg & Freiberg，1996 年；第 14 頁）

人力資源願景：是一種概念

　　由組織願景可知，不同的企業可以推演出自己的願景，人力資源願
景只是其中一種。人力資源願景的陳述界定出人力資源功能處於何種企
業體中，同樣重要地，人力資源願景也界定出何者不為。除此之外，涵
蓋的範圍以及未涵蓋的範圍都要條理清楚，這是建立顧客和人力資源人

員彼此信任與信心的重要方法。

人力資源願景的陳述重點在於顧客對人力資源部門的期望。就整體而言，一個描述清楚的人力資源願景，爲人力資源專業人員和組織的人力資源部門提供了指導的概念，清楚地界定出人力資源願景的整體目標、方針和行動方案。

　　人力資源願景界定出組織對其員工的長期展望和方向，以建立他們的能力和承諾感來保持組織的競爭力。

人力資源願景應致力於使員工對公司目標的貢獻達到最大，並藉由提昇成本效益和界定清楚的方針，來達到前述目的。這並非暗示所有措施都會藉由人力資源部門傳遞，但是如果願景涵蓋相關項目，人力資源部門就有責任確保傳遞的管道存在，不論該部門是否直接傳遞，譬如麥克孟羅尼航空中心（Mike Monroney Aeronautical Centre）的人力資源願景反映如下：

　　我們重視每個人的尊嚴和差異性，卓越的客户服務，誠實正直，信守承諾，團隊協力合作，開放式溝通，簡化流程和務實的解決方案，創新和承擔風險，個人職責，工作樂趣，專業技術與知識。

當組織致力於建立更成功的人力資源策略時，他們的員工需要具備更多知識以維持成長。當公司處於緊要關頭時，發展成功的人力資源願景就會變成公司的重要需求。

人力資源願景不僅要在擬定公司政策之初就界定出來，還必須定期檢視。有幾項因素需要評估，譬如運用人力資源的現況、人員資源競爭情況的變化、高層管理的變動、新的工業技術及其對人力資源的影響、

增加的人力資源成本，以及其他重要的相關議題。

人力資源願景的構成要素

大部分人力資源願景的討論都有向神秘主義惡化的傾向，這暗示著人力資源願景是一種神秘的東西，微不足道的凡人，甚至是有才能的人，可能從來都不希望擁有。但是發展一個令人滿意的人力資源方向並非變魔術，這是一個收集情報、分析資訊的費勁過程，有時候也是使人精疲力竭的過程。能夠清楚陳述上述願景的人不是魔術師，而是願意承擔風險且基礎深厚的策略思想家。

設想周到的人力資源願景應該由下列要素組成：

- 基本人生觀
- 未來的理想

組織願景的基本人生觀界定出人力資源部門所代表的意義、目的、信念，以及存在的理由。這個人生觀保持不變，還輔助著人力資源部門和組織未來的理想。未來的理想是人力資源部門渴求要變成、要實現、要創造的面貌。

基本人生觀

基本人生觀界定出人力資源部門持續的基本條件，呈現出對人力資源的基本信念和該部門採取的態度。這是一種超越個人信仰、組織、程序本質和時代潮流的部門認同感。基本人生觀提供了人力資源部門針對成長、分權、多元化、全球擴張、發展工作場所的多樣性時，將組織緊密結合的黏著劑，人力資源願景應該使基本人生觀、組織價值和組織的

核心目的融成一體。根據阿斯瑞亞博士（M. B. Athreya）於 1987 年 9 月在馬德拉斯舉行的人力資源發展網絡全國會議上表示：

> 基本人生觀的中心思想是，若人力資源哲學在一家公司裡受到廣泛的了解及傳播，那麼我們能夠透過目前的結構和人事部門、福利部門等等來達成大部分想做的事。藉由重視每個員工的潛能，以及透過運用的過程來發展各種可能性，人力資源人生觀對組織提供了積極自我實現的預言。人力資源發展最終的目的是個人在工作和生活中的完全參與。現代工業、正式的組織、工業技術容易造成人與人之間的疏離。激烈的結果是自身的疏離，若一個人連損害在哪裡都未能察覺，他就是正在引起自身的疏離。人力資源發展的目標在於促使行政部門和員工朝著更完全的參與邁進，使他們的潛能能夠用來促進自己和組織的利益。

未來的理想

人力資源願景第二重要的組成元素是未來的理想，包含兩個部分：目標（objective），及其達成目標的可能方向。確定基本人生觀是一個發現的過程，但設定未來的理想則是一個創造的過程。去分析理想的對錯並沒有意義，因為這個問題並沒有正確答案。花旗銀行（Citibank），一個龐大的美國公司，他們的目標為：「成為有史以來最有力量、最方便、影響最深遠的世界性金融機構。」這是經過好幾個世代才產生的目標，他們會努力直到這個目標被達成為止。為了建立有效的未來理想，需要某種程度的強烈自信和承諾。很不幸地，對許多人力資源部門來說，願景的陳述一般都很無趣、混淆不清，或是一連串結構不完整的字

詞。人力資源願景需要熱情、情感、說服力去實現，並且只提供產生生活原動力的背景環境，舉例來說，加州大學的人力資源願景聲明爲：「藉著對人的尊重，將員工的潛能提高到最大限度，超出顧客期望，並成爲人力資源組織的典範。」

人力資源願景：是一個發展演進的過程

　　人力資源願景的發展演進是透過高層管理人員針對組織的實力、弱點、機會、威脅和核心能力，分享他們的觀點、展望、人生觀和策略。

　　人力資源願景發展的過程從界定組織整體的願景開始，這帶給人力資源願景明確的方向和重心。除了人力資源團隊之外，部門主管和資深行政人員應共同參與腦力激盪，徹底討論各種他們在長期中想要應付的人力資源議題。舉例來說，SAIL 的核心價值或基本人生觀，如同我們所見，可視爲顧客滿意、關懷人群、發展、收益性和對卓越的承諾。透過他們在這些發展演進所經歷的過程，像是：公司在不同場合和大批員工進行討論，在某些討論中，有高層管理團隊的參與，某些討論則是透過受過訓練的核心管理人員。這些討論替組織產生出一些價值觀，有些雖然未有很明確的架構，但員工的想法卻能清楚地顯現出來。這些提議在主管的研討會中進一步地討論，並選出四個核心價值，但必須先經過整個組織的討論，這些核心價值才會被採用。

　　假設我們正要首次發展人力資源願景，我們該從哪裡著手呢？

- 我們必須讓自己的想法不斷湧現。當我們爲一個新的願景探索可能的選擇時，必須保持開放的心胸。對我們的組織而言，正確的方向可能已經很明顯了，但是不要直接決定。

- 鼓勵所有的同事或部屬提出意見，讓他們參與決定願景的過程，並讓他們知道在整個過程中我們對他們不勝感激。不需要也不用期待最後選擇的願景是我們最初的想法，一些提供新方向的絕佳概念通常會從公司內部浮現出來。
- 如果我們初次掌控一個組織，不要忽視該組織原先的願景。所有人都會期待我們做些不同的事，也會期待我們做些方向上的改變。告訴組織裡的人員，我們了解也明白現有的願景，我們保證會繼續做下去，保留過去最好的部分，但會善加利用未來可能的機會。

我們建議一套概念性的架構來界定人力資源願景，為這些繞著時興術語打轉的空虛模糊概念注入清晰與精確性，並提供一套實用的指導原則來清楚描述在組織內一致的願景。為了有效達成目標，我們建議使用團隊的方式。最好的方式是指派一個協調者，並組成一個小組來發展組織的人力資源願景陳述，這必須由公司的最高執行長執行。選擇小組成員時應該以他們對組織的投入和職務種類為考量。小組應在特定地點聚會，在考慮不同因素的同時，執行發展願景的活動。發展願景的第一步應該做詳細的公司背景評估，接下來，則應該考慮其他的因素：

- 盡我們所能，去了解我們的組織、人力資源功能，以及人力資源部門、組織願景和所處產業渴望的夢想。這應該會賦予我們能力去分析人力資源功能的優點和弱點，以及目前環境中的挑戰和機會。
- 將我們主要的策略夥伴帶入決定願景的過程中，起初只經由非正式的談話，之後再提出正式的提議。至少，我們必須確定完全瞭解他們的期望和需求，以及組織依賴他們的程度。

　　這些可以確保公司的營運內容和目標會繼續跟隨整個組織的人力資源基本人生觀和政策，或是經過適當調整的願景。我們相信，組織的存在和成長是組織的創辦人或管理階層及其員工共同追求願景的結果。

　　發展人力資源願景的過程包括五個步驟：

步驟一：清楚描述組織願景

步驟二：確認策略夥伴

步驟三：確認人力資源部門的策略夥伴

步驟四：界定人力資源願景

步驟五：使人力資源願景成真

步驟一：清楚描述組織願景

　　如果我們的組織已經有明確的願景聲明，即可省略此一步驟。如果沒有，明智的作法是在高階管理人員的幫助下，發展一個願景聲明，因為這個陳述是必要的。參考其他組織的願景聲明也很有用，可以作為參照的基礎。

　　一個清晰且描述清楚的願景聲明提供所有階層制定決策的方向感和指導原則。沒有願景聲明，組織就難以發展目標和策略。

　　要清楚表達願景，有一個非常有用的方法，即「五個為什麼」。從敘述性的陳述開始——我們生產X產品或提供X服務——然後問五次為什麼生產X產品或提供X服務很重要。在問過幾次為什麼之後，我們會發現，我們正開始認真看待組織的基本目的。一家公司可以沒有正式聲明就具有很強烈的意識型態，例如，耐吉（Nike）並沒有一個清楚描述其核心目標的正式聲明，然而耐吉的保證卻很著名：「體驗在競爭、勝利和擊垮對手時的情緒」。除了耐吉的例子之外，克萊頓（Sundaram Clayton）對品質的注重和強烈的意識亦廣為人知。印度國家資訊基礎建設科技（NIIT）加強電腦教育的目的亦如是。

步驟程序圖　　　　　　　　　　　　　　　　　圖 3-1

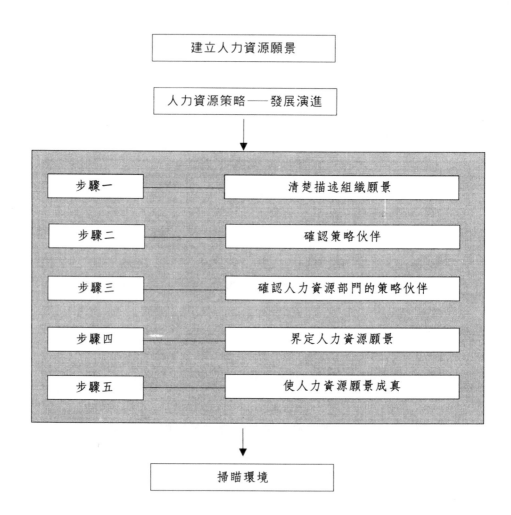

「我們公司的願景」：西爾斯—羅巴克公司
（Sears，Roebuck & Company）　　　　　專欄3-5

「西爾斯——羅巴克公司，一個多角化的企業家族，是提供高品質產品給顧客的領導者。我們要把握那些影響我們現有企業特殊能力的商機。

我們致力於最有價值的資產，也就是我們真誠的信譽。

我們全力奉行顧客至上的原則，努力提供給策略夥伴穩定且有利可圖的投資成長基礎。」

（資料來源：Srivastava，1994年：第74頁）

　　願景聲明不能單靠管理階層來制定，應由組織的所有策略夥伴共同發展。因此，在理想情況下，組織的願景也融入了策略夥伴的期望。

　　團隊應以組織過去的成就和未來的計劃來判斷組織營運的性質，並在找尋事實的過程中，依得到的結果試圖作出願景聲明。最初，在這過程中，自然會產生多個願景聲明，在腦力激盪式的仔細討論後，可能某些願景聲明必須合併，某些則刪除。最後的願景聲明應由最能反映既定方向的看法所組成，也應該經過仔細討論，並使用讓所有人都能了解的詞句來表達。願景的陳述應該簡潔明瞭，並且融入所有關於組織長期重點和方向的細節。以比爾蓋茲在諮詢管理系統中闡明他的願景聲明為例：「所有的公司都會衰退，問題只是在於何時會發生。我的目標是，讓我的公司盡可能維持長遠的生命力。」

清楚描述組織願景　　　　　　　　　問題討論 3-1

- 我們的營運範圍為何？
- 組織從事正確的業務嗎？或者，組織是否應該改變它的營運範圍？
- 哪裡可以看到企業的前景？
- 已達成哪些主要的成就？
- 我們的顧客是誰？
- 市場趨勢和市場潛力為何？
- 經濟發展對市場結構造成何種改變？
- 我們考量的優勢和劣勢為何？

步驟二：確認策略夥伴

策略夥伴是那些會受到組織策略性規劃影響或對其有興趣的個人、團體和組織。我們必須確認策略夥伴，並裁定他們的利害關係（換言之，即組織方向的轉移或改變，會使策略夥伴的資源、地位、行動自由、人際關係和活動如何受到影響）。策略夥伴通常包括員工、委託人或顧客、供應商、政府、工會、債權人、所有權人、股東，以及社會上那些認為自己和組織有利害關係的人，不論其信念是否正確或合理。一旦確認了策略夥伴，就可以考慮未來不同的聲明對不同的策略夥伴所造成的影響。

策略夥伴可以來自外界或內部，舉例來說，顧客、員工、社會大眾等等可以定義為企業的策略夥伴。一旦確認了策略夥伴，就可以清楚界定組織對每個的義務和責任。身為外界策略夥伴的顧客會希望服務品質

策略夥伴的確認　　　　　　　　　　問題討論 3-2

- 誰是策略夥伴？
- 每個策略夥伴的期望為何？
- 組織中誰負責實現策略夥伴的期望？
- 策略夥伴重視的價值為何？
- 實現策略夥伴期望的方法為何？

良好，這表示高階管理人員有責任提供顧客這樣的服務。舉例來說，一家提供能源的公司便應致力於傳送無耗損的能源給整個社會，因此這個社會就是策略夥伴。

步驟三：確認人力資源部門的策略夥伴

　　將願景分成不同的部分，並確認人力資源部門的領域及其直接的策略夥伴，即人力資源部門直接或間接對其負責的對象。

　　舉例來說，如果願景是以提供極佳的服務給顧客為目標，備好員工提供此項服務就顯得很重要。因此，在這個願景裡，員工便成為策略夥伴。這應該直接就在人力資源的意圖裡。同樣地，以顧客為導向的方法也變成人力資源功能裡的首要任務。因此，在形成人力資源願景的同時，人力資源部門的角色之首重範圍就需要適度地融入和處理。

人力資源部門策略夥伴的確認　　　　　　　　問題討論 3-3

- 確認人力資源部門直接對其負責的策略夥伴
- 確認人力資源部門雖不直接對其負責，但卻扮演重要角色的策略夥伴

步驟四：界定人力資源願景

在確認和人力資源部門有關的策略夥伴後，必須確立如何對策略夥伴達成既定的任務。願景的陳述應該指引人力資源專業人員，包含人力資源目標和方針，並涵蓋視員工為主要策略夥伴的清楚聲明。

要界定組織的人力資源願景，就要先界定出真正重要的價值觀。如果我們描述了五、六次以上，就很可能是在混淆價值觀，這些價值觀並不會隨著公司的營運實務、企業策略或文化規範而改變。在擬出一份初步的基本人生觀和公司價值觀的清單之後，自問其中每一個項目。包括以下這個問題：如果情況改變，對我們保持這些價值觀不利，我們仍會保留它們嗎？如果我們不能誠實地說「會」，那麼，這個價值觀就不是我們的基本人生觀，也不用加以考慮。那些對基本人生觀有直覺判斷力，以及在同僚間具高度可信度和最有能力的人，是清楚描述人力資源願景的人選。

界定人力資源願景　　　　　　　　　　　問題討論3-4

- 人力資源部門採取的基本人生觀為何？
- 人力資源部門視何為其未來的理想？
- 人力資源願景對所確認的策略夥伴有何義務？
- 透過人力資源，組織想要達到何種結果？
- 人力資源願景如何連結到組織願景？
- 人力資源願景如何使組織願景實現？

步驟五：使人力資源願景成眞

　　在制定人力資源願景以後，其願景聲明應該要能成眞才算完整，而藉由回答什麼（what）、何時（when）、爲什麼（why）、是誰（who）和怎麼做（how）等問題可以使其達成。如果發展成的人力資源願景有令人滿意的答案，在某種程度上，我們可以假設這個人力資源的願景聲明幾乎包含全部內容，也有正確的方向。如果答案不能令人滿意，這個人力資源的願景聲明便應依此加以修改。

　　某些改造人力資源願景的構成要素和特徵，在重新確認的過程中必須考量進去，而這些構成要素和特徵是人力資源願景想要結合並使組織理想實現的程序。一個可實現的願景應該以致力於界定和員工志向一致且爲組織想要達成和實現的目標，來闡明組織的目的和方向。人力資源願景應該不能只考慮目前可達成的目標，更要提供未來可達成的目標，這些目標要考慮到組織的價值觀與企業文化。一般說來，人們會接受人力資源願景，並激發出幹勁，把願景變爲事實。

使人力資源願景成眞   問題討論 3-5

- 為什麼人力資源部門需要願景？
- 願景的主題為何？
- 願景強調哪些事項？
- 願景為誰而定？
- 實現願景的措施為何？
- 願景和組織目標一致嗎？

人力資源策略房屋模型   圖 3-2

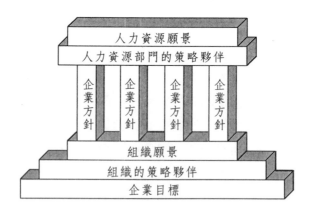

　　最後，我們想要說的是，願景本身並不完整。只有願景的話，即使它的影響力很大，仍不能帶領組織向未來邁進。把願景傳達給別人並正式實施之前，願景仍屬於幻想的範圍。在實務上，我們強調「願景領導」的重要性。領導之眼搜察地平線；領導之耳則傾聽迷霧中的對話。只有當我們賦予企業願景聲音，就像一個有生命的系統，願景才有力量改革我們的公司。因此，我們已經走上整個架構的第一個階梯，現在也已經安置好人力資源策略發展的基礎。人力資源願景即為此一基礎，並且是推動人力資源策略的動力。人力資源願景是人力資源部門給予策略夥伴的承諾，也是人力資源部門希望達成的長期性目標。當我們繼續前進，利用人力資源策略發展過程六步驟中的每一個步驟，我們可以更進一步地將人力資源策略的架構往上加蓋，最終會得到一個描繪出人力資源策略，且符合企業需求和策略夥伴利益的完整房屋模型。

摘要

- 願景驅策著組織。人力資源願景是一股長期驅策力，提供了增進員工能力和激勵員工的長期方向。
- 人力資源願景將信念轉化成目標，將文化轉化成策略，將夢想轉化成事實，是組織長期存活的命脈。
- 沒有人力資源願景的組織可以採取五個步驟導出人力資源願景。組織願景必須清楚描述，牢記策略夥伴。然後，必須確認人力資源部門的直接策略夥伴，才能界定出人力資源願景並使其成真。

人力資源策略：變革的架構		
步驟程序圖		

第一部份	人力資源策略新興的局面	第一章
總論	人力資源策略的發展	第二章

	第一步驟	建立人力資源願景	第三章
第二部分 架構	第二步驟	掃瞄環境	第四章
	第三步驟	稽核自身的能耐和資源	第五章
	第四步驟	檢視其他的策略性事業規劃	第六章
	第五步驟	定義個別方針	第七章
	第六步驟	整合行動計畫	第八章

第三部分	變革的架構	第九章
變革的程序	人力資源策略的重新調整	第十章

4

步驟二：掃瞄環境

目標

- 人力資源環境的性質和構成要素為何
- 何謂環境掃瞄的程序
- 如何使用工具來評估環境對人力資源的衝擊

▼ ◄ ▲ ▼ ◄ ▲ ▼ ◄ ▲ ▼ ▲ ▼ ▲ ▼ ▲ ▼ ▲

　　自從某大企業集團旗下的公司在此舉行過重大議題的研討
會之後，孟買世界貿易中心第二十五樓的會議廳就成為注目的
焦點。隨著企業環境不斷地變遷，該集團在各個不同行業的表
現——紡織業、化學製品、金融服務、天然氣等等——也連帶
受到影響。這次的研討會在於分析變遷的環境以及進行控制的
方法。一位優秀的顧問促成了這次由該集團旗下十幾家公司所
代表組成的研討會。

▼ ◄ ▲ ▼ ◄ ▲ ▼ ◄ ▲ ▼ ◄ ▲ ▼ ◄ ▲ ▼ ◄ ▲

環境研究 —— 先下手爲強

　　預言家看到未來，願景則引導未來——這裡的未來是即將實現的事實，而不是已知的事實。能將願景實現意謂著能察覺瞭解現實的情況。此刻我們想起那個相信自己並堅持走下去的老人，他堅持要走到喜馬拉雅山的目標雖然相當堅定，卻未能察覺到艱苦的環境。環境不利於實現老人的願景，他沒有把願景融入現實環境的艱困當中。在這裡，我們要強調的是，感受和慾望不能和周遭環境背道而馳，而應該相輔相成，也就是說，環境佔有非常重要的影響力。

　　一個人或組織的環境形成了連結人力資源程序的基礎，因此任何組織的人力資源活動之性質都是複雜且相異的。每當我們穿越一座城市時，一定會在路上遇到不曾看過的事物，可能是一家店、一家百貨公司、一棟特別的房子、一條美麗的小徑，或是一座公共紀念碑。當我們凝視這些醒目的景觀時，心裡會想：「我上次經過時並沒有看到這個建築物，這是什麼時候蓋好的？」在整個環境景觀中，現在看來極自然明顯的部分，曾經只是遍佈雜草的空地，這代表著環境改變的動力，不論是自然環境、組織的環境或是人力資源的環境都是如此。

　　有系統地分析和診斷人力資源環境的組織，比那些沒有做分析的組織更有效能，成功的組織比失敗的公司作了更多更好的分析。在現在這個時間點上要預估未來頗爲困難，因爲我們不可能想到所有未來會發生的事。但是有些事是可預測的，而且有些事的確可以預先規劃，這對所有人事的程序和所有組織皆一體適用。但我們常常看到某些公司相信自己應該不會失敗，而認爲不需要檢視市場上正在發生的情況。當公司停止以環境變化來檢查本身的策略，或者不改變其策略來因應環境的需求時，結果就是降低公司目標的達成率。

　　在 KLM 荷蘭皇家航空（Royal Dutch Airlines）裡，人力資源部門廣

泛地研究未來的趨勢，並且非常重視全球競爭，其管理部門副總裁列仁德格（Ben Liezenderg）說：「外部的全球發展迫使我們變得非常有活力、有彈性，不僅重視商業上的思考方式，也重視人們互相合作的方式。」（經濟評議委員會報告）

掃描環境的概念在動態的人力資源規劃中具有一定的重要性。掃描環境意謂在組織的人力資源管理下，更仔細地察看本身與環境所發生的事。這是相當必要的工作，因為環境會直接或間接影響到在其中工作的員工。在 1973 年，經濟評議委員會請 13 位權威人士的優秀代表預測未來20年內可能會發生的重大管理爭議與問題，在其後續報告中持續出現的最重要主題之一，就是對組織面對環境變動時的反應能耐之關切。

公司做策略規劃時需要掃描環境，人力資源策略規劃同樣也需要掃描環境。勞工市場、國內和國際的經濟情勢、法律或政治因素、社會或人口因素、產業競爭、技術趨勢，以及最終消費者（end user）市場的需求，都涵蓋於人力資源環境的掃描工作內容中。掃描上述各個不同的領域，可以對環境影響組織的效果作微觀的分析。舉例來說，開放市場導向的經濟會吸引外國對一個國家的重要投資，例如印度。開放市場使得當地市場必須保持競爭力，以應付和外國產品競爭的壓力。開放市場的結果就是對產品品質與提昇員工生產力的要求。

為人力資源系統做策略的標竿管理也是人力資源在做環境掃描時的重要工作內容。人力資源的策略目標需和公司的策略目標並行，包括調整人力資源水準的成本、安全、服務內容、道德、生產力、創新、目標的配合等，使各方面充分合作。舉例來說，一個視顧客滿意為優先考量的組織，要求的人力資源目標是選擇和培養重視顧客滿意度的員工。支持這個觀點的例子非常多。在大部分的公司，「助理」通常是送貨員、遞文件的小妹和處理所有雜事的人，但在 IBM 卻非如此。在 IBM，有些最優秀的業務員是公司高層長官的助理。處於這個職位的人，用所有的工作時間，通常是三年，只做一件事，那就是二十四小時全天候解答

環境評估　　　　　　　　　　　　　　　　　　專欄4-1

　　亨利福特(Henry Ford)革新了大眾使用汽車的程序。汽車製造業史上首次引進裝配線，讓這一切變得可能。規模經濟被人們所瞭解，而大規模汽車製造業也自此產生。然而並不是大規模汽車製造業的概念讓亨利福特成功，而是因為亨利福特注意到環境的改變，並利用其中的商機。他和別人不同的地方在於他對市場的評估，並且成為率先尋找海外商機的人之一，這使得福特成為汽車市場上成功的公司之一。

（改寫自：Tyson，1997：第160頁）

每個顧客的抱怨。

　　掃描人力資源環境的重要性如下：

- 人力資源的環境因素是人力資源策略變動的主要原因。
- 讓人力資源專家有時間預測人力資源領域中的機會，進而規劃對這些機會的回應。
- 幫助人力資源專家發展一套預警系統，預防人力資源架構中浮現的危機，或者發展將危險轉成公司利益的策略。
- 形成將組織的優勢與環境變化相配合的基礎。
- 瞭解國內或國際上最新的人力資源發展。

　　若沒有系統性地進行人力資源環境調查和診斷，管理工作的現有壓力會在環境改變時引發不適當的反應。人力資源專業人員需要研究環

境，以決定環境中有哪些因素會對公司現有的人力資源結構造成威脅，還要決定環境中哪些因素的形成會帶給人力資源目標更大的成功機會。

有一個每兩年就進行一次員工滿意度調查的組織很重視這樣的系統性人力資源環境調查和診斷。最初幾年，這個組織的領導能耐指標非常令人滿意，但是這個指標隨著時間逐漸下降。在高層管理會議中討論這一點時，總裁發言道，「非常謝謝你們的意見，你們全都認為這項領導能耐指標測驗的結果不準確，覺得是顧問方面的錯誤。但我相信我們所有人都被我們的屬下在領導能力分數上打了相當低的分數。」這位總裁發表的評論，是最近該組織中領導能耐的內部環境評估的結果，但遭最高管理團隊抗拒，因為該組織被認為是當地對員工最親切的公司之一。這些發現表示，經理人對自己的評估和下屬對他們的評估之間存在著大幅的差異。

環境的本質

沒有比跟一個孩子解釋鬼魂、靈魂和自我（ego）等概念更令人困惑的事了。現在有許多成人，不只是孩子，仍然相信在眼前的具體物質外存在著靈魂，即使看來是無生命的東西，如岩石或泥土，在內部都有一股活力，稱作**神力**（*Mana*）。北美印地安人的一支蘇族人（Sioux）稱作 *Wakan*，亞爾岡京族人（Algonkians）稱作**神靈**（*Manitou*），依洛郭族人（Iroquois）稱作 *Orend*。對這些人來說，整個環境都是有生命的。

注意托弗勒在《第三波》（*Third Wave*）中使用的文句：我們被環境的靈魂和動態的環境所吸引，更多動態性，是的，比以前改變得更快。沒錯，但是大多數的組織不能像我們一樣瞭解這一點，並被環境本身的性質所吸引。

　　哪一個組織不想瞭解所處環境的本質？在考慮使組織文化適合人力資源策略時，以及對人力資源策略作出必要改變後員工的感受時，有多少組織可以區別外部和內部？

　　廣義而言，人力資源環境包括了外部和內部。要瞭解人力資源環境不只要知道組織的文化、程序和結構，而且還要研究人口、社會和經濟趨勢。

外部環境

　　影響組織人力資源策略的外部環境因素有經濟、社會、科技等等，這些因素會互相影響並且結合在一起產生力量。

經濟因素

　　目前和未來的經濟情況會影響組織的人力資源結構。經濟的開放和消費者購買力持續的增加，導致消費者保護運動的興起和跨國公司廣泛的介入。接收和合併已經改變了員工的定位和關於工作的價值觀，員工也產生了對工作機會和工作文化的意識，例如改變對人力資源功能性質的觀點。很多公司正為他們的人力資源規劃執行部門瘦身（downsizing），並且更依賴採用外包（outsourcing）的方式。人力資源功能的外包，不論對於身處穩定的環境，或是策略上的不確定性來說，都是最好的選擇之一。

社會因素

　　強調顧客或員工的價值觀或態度等因素，都可能影響人力資源的策略。生活型態的改變會影響需求，就是這些價值觀實現的綜合結果。人力資源的策略制訂者必須趕上教育和社會水準的改變，以評估其對策略

的潛在影響。

科技因素

創新和改變的意願,隨著科技的快速變遷,可以改善目標的達成。我們需要掃描環境才能決定科技的改變對現存的組織程序、文化和功能、未來策略會有什麼樣的意義。

內部環境

內部環境包括組織結構、工作文化和程序。組織結構就是以工作流程、權力、溝通管道及決策程序等運作方式來設計組織。結構應該遵循策略,尤其是適當性和優先性。適當的顧客意見回饋系統、生產效率及員工貢獻都應成為內部結構及策略選擇的關鍵。

文化

組織文化就是信仰、知識、態度及傳統在組織內存在的形式。組織文化也許部分源於高層管理者的信念,但也源於員工的信念。組織文化可以是支持或反對、正面或負面,它會影響到員工在組織內適應或表現的能耐或意願。

我們應該注意,新的工作文化並不能使劣質的人力資源策略變得有效率,它能做的只是給予組織選定策略時的重要支持,讓組織裡的人能持續作出公司想要的結果,不論是生產力、行銷品質、或是符合成本效率的方式。最有效率的工作文化會調整行為、程序和方法來結合組織希望得到的結果,以支持組織的人力資源策略。很多組織已經發現,不只達到目標很重要,達到目標的方法更是長期成功的關鍵。在這裡要援引的例子是印度航空(Air-India)的彈性工作文化,印度航空讓員工一個

員工第一　　　　　　　　　　　　　　　　　　專欄 4-2

　　員工和管理部門之間可以更緊密的合作，就像今日塔塔鋼鐵的情形。塔塔鋼鐵有限公司(Tata Iron and Steel Co. Limited)與其工會於 1956 年 1 月 8 日訂立協議，其協議有以下方針：

- 為企業、員工和國家的整體利益提昇已增加的生產力。
- 讓員工更瞭解本身在這個行業工作和生產程序的角色和重要性。
- 滿足自我表達的迫切需要。

　　在簽署這項協議後，塔塔鋼鐵表示：「我們的任務是設計一個使員工間更緊密聯繫的方法，多年來我們已經在許多主題上建立聯合諮詢的機制。我們現在採取的步驟是朝著相同的方向更進一步，而且是很大的一步。」

（資料來源：Pandey，1989 年：第 65 頁）

星期任選三天到公司裡工作，其餘日子則待在家裡。此項計劃將策略性地幫助公司降低薪資費用，縮減組織內部 18,000 人的龐大勞力。

　　在設計人力資源策略之前，必須對組織有清楚的瞭解，包括組織現有的價值、結構和員工、目標、對未來的願景等等。沒有這些知識，絕不可能把擁抱舊有傳統、高度服從、僵化的組織轉變為彈性、多元、持續進化的組織。

　　組織要如何踏出詳細規劃此種程序的第一步呢？最有效的方法是透過組織工作的方式、員工的表現及互動、員工和組織的關係，以及組織

願景、使命和策略性目標形成的價值與力量。這些動力一起形成我們所謂的工作文化。要在今日的企業環境裡成功，需要更寬廣的願景，不只針對組織本身，同時也針對組織的成員、成員的技術和競爭能耐、成員間的關係、成員與組織之間的關係。簡而言之，就是組織的工作文化。

　　工作文化是由許多不同的元素組成，有一些特性可以用來幫助組織決定工作文化，這些特性，如鼓勵創新、維持顧客最大滿意度、提供有保障的僱用等，都可做為優先考量，讓組織能決定現在或未來的文化。舉例來說，在全球鋼鐵工業產生危機時，法國的政府、鋼鐵界和鋼鐵工會達成共識，進行一項以幫助工人在其他行業找到工作為目標的計劃。這項計劃提供兩年以下的訓練和收入資助（大約為先前薪資的70%），這樣的收入比其他收入和先前達成協議提早退休的鋼鐵工人所領到的福利都高。

　　工作文化也是和組織成員共同分享和傳播關於組織整體的信念、價值觀及績效。組織的工作文化有時會顯出策略上的偏執，並且會在組織最需要改變策略方向的時候成為成功的阻力。更動態的文化評估在另一方面來說，提供了設計謹慎的方向和不斷發展人力資源策略時需要的多面向「活生生的景象」。然而這項分析不能受限於組織，否則就像現在的情況一樣。同時，組織也必須檢視達成願景所需的未來文化。解答這些問題能夠讓組織瞭解本身的工作文化及其演變的方式。我們可以從這個觀點確定哪些人力資源策略在有效支持這些文化。

結構

　　組織的結構其實是工作程序的剪影，好讓我們可以觀察它。結構使人們的能量集中在程序的改進和目標的達成上。員工不只要明確地瞭解工作文化，還要知道安排這些工作的角色。如果文化和角色都不清楚，人們就不知道工作的程序是什麼、誰對誰負責、誰作決定，以及誰可以

永續的結構　　　　　　　　　　　　　　　　　　　　專欄 4-3

　　為 Thermax 一家舉足輕重的工廠設計組織結構及確認
人才時，人力資源負責人說道：「我們瞭解組織結構必須
快速地設計出來並盡快與員工溝通，以撫平員工的不確定
感和焦慮，尤其是某些員工關心合併案對他們有什麼影
響，他們同時也關心組織結構、報告關係、正式及非正式
網路和溝通模式的改變。」

　　為了刪除不具附加價值的活動，於是開始實施價值鏈
分析措施。這項措施在極需安撫員工的不確定感和焦慮
時，雖然無法應用到所有部門，但已經幫了該組織很大的
忙。

（資料來源：Balaji，Chandrashekhar and Dutta，1996 年：第 118
頁 ）

幫忙解決問題，結果可能就會設計出對於達成組織願景沒有幫助的工作
內容。這個情況就如同身在一個團體中，卻不知道玩什麼遊戲、誰在
玩、不清楚遊戲規則一樣。

　　結構設計的原則是透過最簡單的工作流程，以達到所要的結果。然
而，組織的工作程序通常會使人們去發明工作，因為他們有多餘的時
間，等著被通知做什麼事或漫無目的地工作。

　　結構必須採最少的層級、易於管理、有彈性、容易理解，它必須支
持那些和顧客有直接接觸且每日接觸的員工。如果結構重視和前線顧客
接觸的質和量，就會變得易於瞭解和運用，並且因為須配合人們的能
力，所以結構須具彈性。

　　大部分結構的基本假設是，最有效的行動來自於高層的領導能耐，因此結構的設計是由上到下。相反地，如果組織決定如何讓前線更有效率，就會有不同的假設，導致不一樣的結構。任何策略，不論是企業或人力資源策略，都是經由組織的結構來實行，結構決定策略的有效性。組織的結構反映出團體如何競爭資源、績效的責任歸屬、資訊如何分享，以及公司決策如何被採納。結構不僅澄清權責，也促進或抑制策略的實行。

　　如果我們仔細觀察身邊或全世界不同的組織，會發現組織結構的性質是互異的，即使兩個組織的大小和性質相似也是如此。任何策略的改變最終也會導致組織結構的改變。錢德勒(Alfred Chandler)說得很妙：「結構遵循策略。」人力資源策略形成的程序也和組織結構緊密結合。在評估內部環境時，一定要分析人力資源策略規劃時組織結構的相關優缺點和潛在的差距，這一點相當重要。

　　最近有一家服務業公司在提供顧客服務時面臨困難，他們透過負責不同業務的部門提供顧客服務。顧客投訴的數量和回覆顧客所需的時間遲遲無法減少，他們計劃重新設計結構以解決這些問題。七個和顧客服務有關的部門被刪除，並設立自我管理小組，其中身懷多項技術的員工被指定在先前部門的職權範圍內指導所有的活動。這項改變使得組織在顧客滿意策略的目標獲得實現，這是該組織重要的人力資源重點之一。

人力資源程序和系統

　　人力資源的系統和程序是人力資源專員充分分析組織時需要的投入。自工業成長開始的最初數十年，管理階層總會意識到並努力發展出一套管理組織內部人力資源系統和程序的機制，以迎接複雜的企業挑戰，而行為科學和工業心理學的理論在這些領域的研究中有重大貢獻。組織需要的人力資源系統要視人力資源對生產力的重要程度、和客戶互

動的程度、組織提供的產品和服務種類等來決定。組織的人力資源系統
應該在員工從加入公司到離開公司的期間照顧員工。這裡我們要提出一
家製造公司的董事長在解釋員工的需求不斷改變時所說的話：「員工要
求一套更重視他們的人力資源系統。我們能不能制定出一些辦法來滿足
他們呢？」，這位人力資源的最高主管問他的團隊。「如果我們不能想
出解決方案，公司可能會動盪不安。我們能不能在下一次管理部門會議
召開之前想出一些方案？」他看著人力資源部門經理，等待他的回答。
接著有很長一段時間陷入一片寂靜。人力資源經理被問倒了。他不久前
才代表員工介紹一套企業成長系統，那是人力資源委員會花了很大的努
力才改進的。

　　人力資源經理對自己說：「我們過去曾經辦到，我們會再次成功
的。」他確定地回答自己。但是現階段他並未完全瞭解員工需求的本質
為何，他沒有分析組織的人力資源程序和系統處於哪一個階段，也不知
道是否能滿足員工的需求。

　　在決定未來人力資源方針的程序中，員工的需求常常被忽略，印度
的寶鹼公司（Procter & Gamble）卻不會這樣。該公司提供全職員工一
項股票獎勵計劃，讓員工有美國寶鹼公司100股股份增值的權利，並且
在五年內的任何時候，讓員工有權賺取股票轉讓價格和股票價值之間的
差價。這項措施讓員工對公司產生了歸屬感。

　　現有的人力資源程序和系統必須納入組織內部環境分析的一部份。
人力資源程序和系統內現有的股票分配措施，代表人力資源系統存在於
組織內的成熟程度。大家都接受的事實是，目前的人力資源系統通常會
因為需要時間穩定和成熟而繼續維持下去。實驗性的人力資源系統通常
會在充滿問題的情況下結束，並且將失敗怪罪到員工頭上。這種人力資
源程序失敗最常見的理由是員工完全沒有配合度，而員工通常會覺得組
織的環境不佳，而且很多新引進的人力資源系統根本就和其需求不相
關。

環境因素的相互影響

　　環境因素,不論是外部或內部的,皆形成人類眾多行為模式的一部份。外部環境和內部環境相連,並且對彼此造成影響。如果我們分析石油界的巨人殼牌汽油(Shell)在全球各地的文化,會發現殼牌汽油在美國的組織文化和在德國的組織文化之間有非常大的差異。

　　圖4-1描述內部環境與外部環境之間的互動。在這個模式裡,我們可以確認出每一種環境的三個主要因素和彼此互動的方式。外部環境的經濟因素直接影響組織的營運,經濟的變動隨即使營運策略必須跟著改變。在組織中會注入人類社會的價值觀、道德觀念和行為準則,最後發展成組織文化。近幾年來,科技進步快速,組織必須調整程序以配合科技改變的情況。

外部和內部環境的構成要素　　　　圖4-1

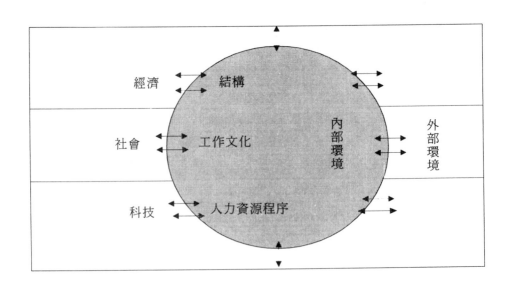

環境掃描的程序

　　環境掃描程序可提供擬定人力資源策略所需的資料。這是一個累積和例行的程序，內容包括察看外部環境和內部環境因素，評估這些因素對組織經營程序的影響，以及藉著分析這些因素得知組織的狀況及人力資源概況。環境掃描可提供組織詳細計劃其經營程序時的經濟因素、社會變遷、科技升級、文化、結構等資訊。

　　我們可以使用很多工具，端視業務性質和期望的結果來決定。這些工具可以個別使用或合併使用，它們能指出組織目前的定位和可以繼續發展的方向，並且整合到人力資源策略的替代方案中。這個程序分為四個步驟：

第一步：確認影響人力資源的環境因素
第二步：評估環境
第三步：使用工具進行分析
第四步：整合至主要的人力資源策略

第一步：確認影響人力資源的環境因素

　　外部環境因素要考慮組織範圍以外的力量所造成的影響，這些外部力量會影響工作文化和組織文化。內部因素則考慮內部變數的影響，例如工作和管理文化、變革和創新、能耐水準、人力資源程序和系統等。特殊的外部和內部環境因素可以用以下的方法辨別：

確認環境因素　　　　　　　　　　　　問題討論 4-1

- 影響人力資源程序的環境因素是什麼？
- 需要重視哪些因素？
- 不同的因素造成的衝擊是什麼？

流程圖　　　　　　　　　　　　　　　　圖 4-2

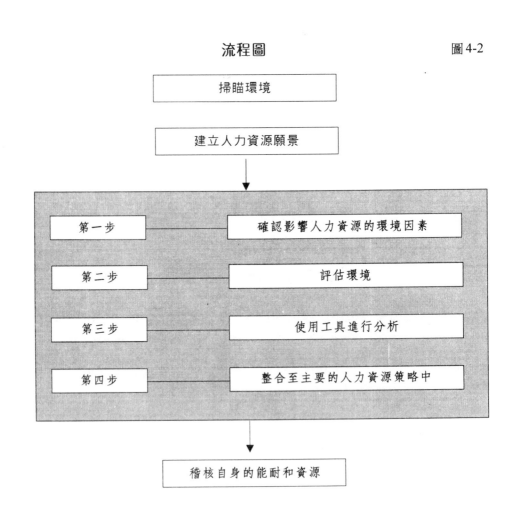

第二步：評估環境

列出這些因素之後，便應該將注意力轉到評估環境和瞭解人力資源策略的需求上。瞭解環境包括蒐集內部環境和其他可能影響人力資源策略的相關資訊，這些資訊可以由外部及內部的來源獲得，包括公開的統計數字、報告、學術文獻、員工和代表等等。不論是何種來源，人力資源專家應持續研究環境，使組織有能耐更快地預測，並對改變作出適當反應。

評估外部環境

外部環境可以用一些方法評估，例如德爾斐法、文獻研究、行為研究等等。

德爾斐法（Delphi Technique）

口頭和文字資訊可以來自專家、員工、競爭者等正式或非正式的消息。德爾斐法或網絡的建立，是專業人士針對自己所採用和實施的不同程序與活動，彼此進行緊密持續的聯絡與互動的過程。此方法可透過私人性的拜訪、共同參與的會議、工具和技術的發表，以及組織間人力資源實務相關資料的傳遞來完成。有關人力資源資訊的研究小組、論壇和會議是直接透露資訊的平台，新舊主題都提供了創新的基礎。

文獻研究

今日的圖書館館藏有大量各式管理和人力資源管理的書籍，幾乎地球上所有有關人力資源實務的內容都可在文獻裡找到，而且每一天都有新書出版，由傑出的作者和執業者執筆討論世界各地最新的人力資源發展情形。閱讀這些文獻是值得的，這些文獻開啓了通往人力資源知識的

大道。此外，資料也可經由報紙、期刊、出版物和新聞信函獲得。

行為研究

人類心理學領域內的行為科學家和專家一直在研究組織環境下的人類行為，並提出了幾個理論，人力資源專業人員已經用各種形式來實行這些理論。現代的激勵、授權、建立正向文化及許多其他這類工具的概念，自從開始使用起，已歷經無數次的變革。理論實際加以應用之後，又受到仔細的監督及修改，進而變成管理人力資源程序的新技術。最初對個人的評價概念通常是密閉的評價系統，然而隨著不斷改變的企業環境，這套系統也變得更加開放，從180度的評價系統衍生出360度的評價系統，而且已付諸實行。

評估內部環境

評估內部環境最困難的部分是決定使用何種方法來取得有用的資訊。我們可以利用不同的方法來收集整體情勢及其細節、人們對情勢的想法或對新引進系統的感覺，以及各種情形下發生問題的原因等資訊。內部環境可以透過下列方法來評估：

非正式來源的資訊

有用資訊的來源幾乎是無遠弗屆，譬如顧客、委託人、顧問或受訓者，都會是很有用的資訊來源。此外，業務員、行銷專家、加入公司的應徵者、人力資源發展專員及法律專家，也都是可能的資訊來源。一旦建立主要的消息來源之後，實行者可以視需要去收集資訊，並決定最後結果的呈現方式，還可以考慮要接觸哪些人以取得非正式的資訊。

調查和問卷訪問

需求的評估根據各種不同階段的要求而有不同的來源。單一資訊的來源或機制，譬如對單一團體進行的調查，可能無法清楚地提供所有資料。重複和不同的資料來源聯絡，並使用不同的需求評估工具，可以確保更廣泛、更有用的文件資訊。

實務人員可利用以下五種工具：訪談、調查、觀察、焦點團體及文件來收集資料。舉例來說，第一階段可包括面談部門首長；第二階段可能包括訪談離職員工；第三階段可能包括花幾個小時觀察正在工作的員工；第四階段可能包括和代表顧客或客戶的焦點團體開會討論；第五階段可能包括隨機對一百個員工進行調查。

重要事件分析

在處理某種情勢時，重要事件分析有助於將廣泛的資料縮小到一個特定的範圍。這是一種研究調查的方法，可以從成功的資深員工身上獲得關於他們經歷過的事件資訊或「戰爭故事」的細節，這對於確定何者是最適當及最實際的作法時尤其有用。重要事件分析著重於內部環境的關鍵事件（例如公司的接收決策如何影響員工關係的管理）與外部環境的關鍵事件（公司如何對產品市場或法律的改變作出反應）。

舉例來說，某公司每年例行性地舉行招募活動，有一次，徵選小組面試一些工學院的學生。在面試的過程中，有一位女性應徵者說道：「我知道你們不會僱用我！」當徵選小組想要弄清楚為什麼她會有這種想法時，她加了一句話：「我們知道你們都認為女性不能當工程師，因為這個工作需要體力，還有不確定的工作時數。」該組織從這個重要事件裡得到一個教訓，並對組織所抱持的觀念和已實行的措施產生質疑。

重要事件分析　　　　　　　　　　　　　問題討論 4-2

● 回想你曾經處理過最棘手的員工。發生了什麼事？
　你如何處理？

● 要結束一個衝突狀態，最成功的方法為何？

● 想想你曾擁有哪些管理人員所需的最佳特質？

● 你做了什麼讓你能按時完成上一個專案？

第三步：使用工具進行分析

　　使用工具來分析人力資源的狀況牽涉到使用單一工具或是聯合使用兩個以上的工具，而已知的情勢是判斷工具是否適合的最好指標。以下任一項工具皆可使用。

外部環境

　　用來分析外部環境的分析工具有標竿管理（Benchmarking）、要素分析（Factor analysis）、BG-HP矩陣（BG-HP Matrix）和趨勢預測（Trend forecasting）。

標竿管理

　　優良公司提供的重大文化變革、團隊建立、成就激勵、優良的人力資源實務等重大經驗，都能夠形成一種指引，使另一個組織能夠借鏡。這些標竿組織在弱點補足變革、程序補強等方面，都值得考慮用來滿足某個組織的需求。在許多個案中，優良公司現有的運作實務可以當作其

標竿管理　　　　　　　　　　　　　　問題討論 4-3

- 你所屬的組織想要以哪些人力資源措施為標竿？
- 什麼公司或產業可以作為標竿管理的根據？
- 要在人力資源系統的哪個方面採用標竿管理？

他公司更新或採行新程序的重要標竿。

要素分析

外部環境的因素經過分析之後，可以提供有關外部人力資源環境的情況。透過要素分析，我們詳加考慮社會、經濟及科技因素的影響。

要素分析　　　　　　　　　　　　　　問題討論 4-4

經濟要素

- 生活費中何種經費增加最多？
- 在這種經濟情況下的生活水平有增加嗎？
- 市場裡普遍的平均薪資結構為何？

社會因素

- 公司裡專業資格的水準為何？
- 何者是員工珍惜的價值？
- 員工的生活型態為何？

科技因素

● 科技在人力資源系統裡的重要性為何？

● 科技是否充分地整合在企業中？

● 你如何使用科技來增加人力資源的優勢？

BG-HP（業務成長－人力資源發展程序）矩陣

所有的人力資源發展程序應以某種方式促使業務成長和人力資源價值的增加。如果這是一個被接受的事實，那麼人力資源功能和企業成長之間就存在著相互關係。BG-HP矩陣以四個不同的象限定義這個關係：低對低、低對高、高對低和高對高。

BG-HP矩陣指出人力資源發展程序目前的狀況和業務成長的關係，且視組織的性質來決定落在哪個象限。依組織特徵、成長過程和支援的人力資源功能為基礎，可定義出四種不同的組織類型，分別為防衛型（Guardian）、思考型（Contemplator）、回顧型（Reviewer）和旁觀型（Onlooker）。首先分析組織的業務成長，接著聚焦於人力資源相應的發展、人力資源的介入措施和人力資源功能的狀態，然後，將業務成長和人力資源程序作一配對，把組織放在矩陣的方格裡，找出組織屬於哪一個類別。

防衛型組織　防衛型組織的特徵是短淺的人力資源措施和相對來說低程度的業務成長。防衛型組織保衛現有的市場、科技和製程，而不往前看，它代表企業的低成長以及對人力資源的低度重視。這類型的組織由一個功能性結構、一條穩定的產品線、資金或勞力密集的科技，加上成本控制所組成，生產力和附加價值則被低度重視。對這個象限的組織

而言，最好的人力資源策略是加強人力資源功能。一個防衛型的公司在僱用員工時，應該一開始就以熟手爲主，並以刪去冗員的打算來選擇，至於訓練和發展應致力於廣泛且正式的技術養成方案。小規模的產業，例如手工業、毛毯製造業等，通常都屬於這個類型，因其業務性質以及組織的成長低，人力資源不被視爲資產，因此不受重視。

　　思考型組織　　思考型組織的特徵是不斷尋找新產品和市場機會，以及對環境趨勢進行可能反應的試驗。其特徵是有一條多樣化的產品線、多元技術、產品區隔或地域區隔的組織結構，以及講求產品研發和市場研究的技術。思考型組織會去思考並分析未來的企業成長機會；他們的重點放在營運利潤上，不重視人力資源發展。對思考型組織來說，最好的人力資源策略是獲取人力資源。思考型組織應尋求「買進」才能——一種在所有層面都涉及複雜招募的策略，以僱用前的心理和性向測驗來選擇。

　　回顧型組織　　回顧型組織在多個不同種類的產品和市場區隔內運作——同時包含穩定和多變的情況——須不斷檢視組織內的人力資源程序。回顧型組織爲因應不同的市場需求採行多元的行動，因此其特徵是有限的產品線，尋找少數的相關產品或市場機會；爲穩定的產品而發展符合成本效益技術，以及爲新產品而發展專案技術，因此爲了同時顧及生產效率、製程及行銷，組織結構和技能是混和的。這個類型的組織在人力資源程序方面較沒有效率和效能。對回顧型組織最好的人力資源策略是分配人力資源。回顧型組織應該將招募、遴選、培養等策略與產品市場的性質和產品的生命週期階段配合，才能使挖角或自行培養的人力資源政策盡可能配合不同的市場區隔。譬如，許多產品研發導向並不斷投資大量金錢於培養研究人力資源的組織可以稱爲回顧型組織，其產品研發的結果並沒有轉成有效的業務成長和利潤。

BG-HP 矩陣　　　　　　　　　圖 4-3

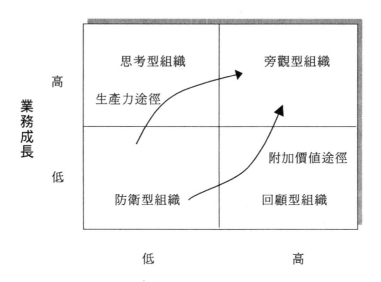

　　旁觀型組織　旁觀型組織的特徵是擁有高度成長，以及對人力資源程序的高度重視。旁觀型組織重視企業成長機會，並對人力資源問題採取主動的態度，其意圖是讓人力因素與業務要求互相配合。旁觀型組織的產品線相當多元化，而且有多種產品在國際間銷售。這類型的組織有全球性的組織結構和多種技術。它們高度重視人員的生產力、附加價值、訓練、發展及競爭力。旁觀型組織應該以員工的績效為基礎，評估其投入組織所需要的能力，來進行招募和遴選策略。譬如迪士尼樂園、3M 及耐吉可以視為旁觀型組織。

　　分析　如果防衛型組織在較低的象限，它有兩個途徑可以選擇，以轉變成旁觀型：第一是生產力途徑；第二是附加價值途徑。在生產力途徑中，組織可藉由業務成長和對人力資源發展的高度重視，變成具有競

BG-HP 矩陣　　　　　　　　　　　　　問題討論 4-5

- 你所屬的組織是單一產品線或多元產品線？
- 組織是否重視市場趨動的科技、獲利能耐、成本意識及競爭力？
- 組織中實現業務需要的結構為何？是功能性結構或程序導向的結構？
- 員工對客戶的服務承諾是透過參與性的組織結構和政策嗎？
- 和過去幾年以及同行比較，你所屬組織的業務成長如何？
- 試使用人力資源環境調查（如附錄1所示），分析組織裡存在的人力資源發展程序的水準。
- 試確認你的組織屬於哪一個象限。

趨勢預測　　　　　　　　　　　　　　問題討論 4-6

- 在這個產業中，相對於你所屬組織裡的主要人力資源發展，是否發生過任何重要的趨勢？
- 過去數年內，員工的離職是主要的趨勢嗎？同樣的趨勢預期會繼續發生嗎？
- 在這個產業中，報酬是否曾經呈現動盪的趨勢？
- 這種趨勢對組織會造成什麼重要的影響？
- 組織可以依據產業的改變預測未來的人力資源趨勢嗎？

爭力與市場高手來轉變爲旁觀型。如果一家公司處於防衛型階段，並且希望轉變爲旁觀型，另一途徑是把人力資源程序當作首要之務，變成回顧型組織。一旦這一步成功了，重視業務成長就會進一步促進這項轉變。管理階層要謹愼選擇，視其目前的地位和組織內外的大環境來決定。

趨勢預測

趨勢預測這個工具在瞭解產業中的趨勢和發生中的變動時很有用，有助於形成組織變革的基礎，以及未來決定採用或放棄組織所實施的措施和政策時的基礎。舉例來說，如果金融服務業顯示出薪水越來越高的趨勢，此行業中的某一家組織可能會因爲不能配合這股潮流而失去優秀人才。同樣地，如果所有的組織都越來越重視招募顧問，則純粹靠內部資源或招募廣告的組織可能就無法吸引所需的人才。

內部環境

用來分析內部環境的工具是員工滿意度（Employee Satisfaction）——組織發展（ES-OD）矩陣、社會研究用統計套裝軟體（SPSS）、構成要素分析和趨勢分析。

ES-OD 矩陣

組織的健康情況可從很多方面反映出來——經由獲利力、資本成長、組織文化、生產力水準及人力資源策略等。人力資源在組織健康中扮演了一個特別的角色，因此員工滿意度對於整體組織的健康程度有決定性影響。測量員工滿意度通常透過員工滿意度調查來完成，定期的調查讓管理階層能夠激勵、士氣、獎賞等變數，評估某期間內其滿意程度的變化。整體的組織健康也可以透過對員工的調查來測量。

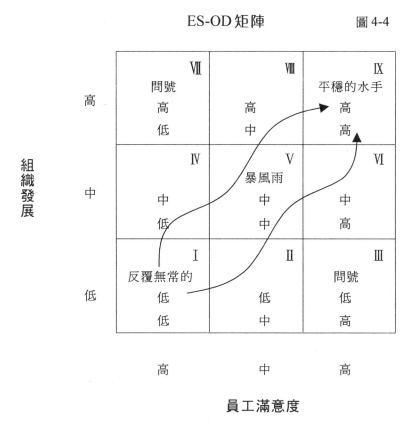

ES-OD 矩陣　　　　　　　　　圖 4-4

員工滿意度

組織的內部環境可以由兩個向度間的關係來描述：組織健康的程度
和員工的滿意程度。我們可以依照兩個向度間各種不同的關係來設計一
個由九個狀態所組成的矩陣，這個矩陣在橫軸和縱軸上皆有三個水準：
低、中、高。因此，一個組織的狀態通常可視為反覆無常的水手或平穩
的水手，由一組相關關係來表示：OD-ES 矩陣。

最不利的人力資源環境是第一類，特徵是人事變動頻率很高，在這
種狀態中，集體談判機制是一個常見的特色，組織對改變具高抵抗性和

ES-OD 矩陣   問題討論 4-7

- 試使用 *ES-OD*（附錄二）工具找出組織健康程度和員工
  滿意度。
- 畫出矩陣，在 ES-OD 兩軸標出高、中、低水準。
- 畫出九個不同的方格，點出你所屬組織的位置，並據此
  加以分析。

低接受度。這個狀態指的是較無生產力、員工滿意度低、組織健康不
佳、容易有危機的公司。第五類表示正試圖通過中度員工滿意度和中度
組織健康而有暴風雨危機的組織。這類型的組織正從一個危險的情況轉
到一個較穩定且非常有助益的情況。要求越來越多利益的中度滿意員
工，代表這類組織處於風暴中。組織視員工為賺錢的工具；員工被視為
成本，而非投資。

　　第九類指的是平穩的水手(Smooth sailor)，對這種組織而言，人力
資源是主要焦點，而高員工滿意度以及非常有益的組織健康是這個狀態
的特徵，組織對改變具有高度適應力和接受度，能引導高昂的士氣和動
機。視員工為投資及資產，因此這類組織是人力資源運作的最佳例子。

　　第三類和第七類指的是極端和不實際的組織狀態。很難想像一個健
康狀況非常差且環境無助益的組織卻有非常高的員工滿意度。同樣地，
組織健康非常良好且擁有絕佳環境的組織，不可能有非常低的員工滿意
度。這些公司非常少見，因此他們的存在為「問號」。

　　第二類、第四類、第六類及第八類是轉換到平穩水手之理想狀態的
過渡階段，任何方法都可採用。組織可以努力改進組織健康，藉此改善
員工的滿意度；或者，組織也可以想辦法改善員工滿意度，藉此得到較

好的組織健康。

社會研究用統計套裝軟體（SPSS）

　　和大型母體有關的調查需要用非常仔細的方法來分析。有時候，人工紀錄方法可用來計算全部樣本對特定問題的反應。當有太多受試者時，管理這類問卷的分析就變得很困難，因而出現了設計完備的軟體來分析這類採選擇題的問卷。一種稱為SPSS的套裝軟體在全世界大受歡迎，且非常頻繁地用來分析龐大的資料。這是非常易於使用的軟體，它有一個目錄驅動軟體，讓分析者可以透過編碼方式輸入資料，並在每一個問題和答案之間作許多不同的分析。SPSS可以分析25到幾百萬筆的問卷資料。

SPSS　　　　　　　　　　　　　　　　　　問題討論 4-8

- 將你的問卷依 SPSS 所需的格式編碼輸入電腦。
- 執行程式並問不同的問題。
- 根據結果找出趨勢。

構成要素分析　　　　　　　　　　　　問題討論 4-9

文化

- 你們的組織是如何建構的？
- 組織裡存在的價值觀為何？
- 工作如何安排？工作有彈性或非常制式化？
- 決策如何形成？
- 何種行為受到鼓勵？什麼行為被禁止？
- 何種人為組織工作？

結構

- 有任何影響組織結構的業務停頓嗎？
- 你的組織所屬的產業是否正經歷劇變？
- 組織的推動者或管理階層是否隨合併、策略聯盟等因素而改變？
- 組織內有任何不安的情形嗎？
- 組織內有沒有採取任何組織再造的重要措施？

人力資源程序和系統

- 試評鑑正式或非正式系統是否普遍存在。
- 對於現行的正式系統，收集現存的相關文件。
- 對於非正式系統，試著明確的描述。
- 每個系統應照參數表加以檢視（附錄三）。
- 這些系統是否正確地依循？
- 它們如何演進的？

構成要素分析

內部的構成要素是組織文化、組織結構及程序。分析這些要素時要謹記我們的目標：使人力資源系統能精確有效地執行公司的計劃。當然，這需要一些可能相當複雜的決策。公司一定要安排好工作的結構和報告的主從關係，並為這些工作填上適合的人選，為需要的人提供訓練，與員工溝通計劃，決定授權多少及授權的對象。另外，組織文化也必須加以分析。

趨勢分析

每一個產業的趨勢都已經改變，包括人力資源。一些實務的變動和改革，例如層級的數目、升遷的管道、目標管理（MBO）、中央集權的適當規模、組織瘦身等，可以協助組織界定出實務的趨勢，並讓人力資源經理人能夠瞭解環境改變所隱含的意義。趨勢也可作為重整組織之結構、文化與實務的基礎。

如果正確應用，這些工具可以明顯地放大人力資源專業人員對公司核心能耐分析，並指出公司的人力資源功能在所處產業的優勢、劣勢、機會及威脅。這些可以明確指出實際執行時須具被的能耐、需要升級的能耐、可以廢除的實務，以及機會來臨時須具備得能耐。

趨勢分析　　　　　　　　　　　　　　　　問題討論 4-10

● 組織內的人力資源程序有過任何主要的趨勢嗎？

● 過去數年來，員工的離職曾是主要的趨勢嗎？相同的趨勢是否預期會繼續發生？

- 薪酬是否曾在員工之間呈現變動的趨勢？
- 這些趨勢會對組織造成什麼重要的影響？
- 可以依據員工的期望來預測組織未來的趨勢嗎？

第四步：整合至主要的人力資源策略

掃描內部環境和外部環境可以提供制定人力資源策略的投入資料，並幫助我們決定組織的最終目標，以及調整人力資源策略來符合組織要求的目標方向。

經過上述工具評估之後的組織，其內部盛行的文化成為執行介入措施的基礎，而這些介入措施是為了因應持續而來的改變。約略瞭解屬於年輕或成熟的企業文化是一件容易的事情。企業文化須能夠承擔擬採行的人力資源策略之衝擊，以及協調人力資源策略配合組織目標。

同樣地，組織內部正在發生的動態改變，能夠指出組織移動的方向，其中，大部分是因為外部環境的影響。另外，每一個未來會影響內部環境的衝擊也應加以評估，且在定義目標和後續的行動計劃時，納入任何相關的預防措施。

內部環境的分析可引導我們定位和瞭解組織現有的人力資源程序，其中有些因素可以量化，而其他因素雖然無法這麼做，但是可以讓我們據以評估組織的內部環境與所需要的改善。舉例來說，在適當地考慮不同的因素並加以瞭解之後，一個擁有開放和成熟環境的組織就可創造出一個平台來運作有效的團隊及其任務，而且這種文化也會利於開放式評價系統的執行。現在，如果現有的人力資源策略不能擔保擁有以團隊為基礎或開放的評價系統，那麼發展這些系統就會變成人力資源策略的重點。同樣地，如果我們擁有以團隊為基礎、需要有效溝通和合作的系

統，但是目前的組織文化既僵硬又封閉，那麼這些程序就完全無法發揮作用。最後，每個因素理想的狀態及其在人力資源策略中的重點，完全視組織的需要、願景、業務及高層管理的觀點而定。

在這個步驟中，人力資源策略的重點是引入並有效監督所有可以實質改善生產力的程序。同樣地，隨著正在改變的社會結構和逐漸提昇的生活水準，以更高的成本獲得有能耐的人力是必要的。人力資源策略因此應該重視物質和非物質的獎勵，以吸引有能耐的人才。

我們已知掃描環境和評估其本質可以對組織所有的營運程序造成顯著的影響。人力資源願景的演進驅動發展人力資源策略的程序。環境掃描提供資料，就像是建築人力資源架構時所需的水泥和泥漿，填補存在的溝縫和坑洞，黏繫架構的磚塊，所以，現在我們有一個以人力資源方針為樑柱的初始結構。我們已達到並完成變革架構的第二步，接下來，我們會繼續建造我們的房屋模型。

整合至主要的人力資源策略　　　　　　問題討論 4-11

- 在定義目標時，需要考慮哪些掃描環境的投入資料？
- 它們如何導致人力資源願景的實現？

人力資源策略房屋模型　　　　　圖 4-5

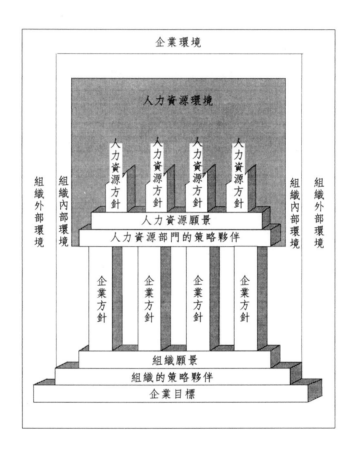

摘要

● 在環境裡尋找人力資源策略的投入資料頗為艱苦。雖然聽

起來很矛盾，但是我們必須知道我們不知道的事。

- 掃描環境需要進行組織內部和外部環境的分析。我們必須能夠處理危機和機會、優點或缺點：一套幫助我們決定如何成為贏家的辦法。

- 外部環境是社會、經濟及科技力量互動的結果，而內部環境是文化、結構、人力資源程序與系統間複雜的平衡結果。

- 聚焦於找出影響環境的因素、環境進行評估、使用工具進行分析，並將結果整合至主要的人力資源策略，這些是掃描環境的正確方法。

人力資源策略：變革的架構 步驟程序圖		

第一部份 總論	人力資源策略新興的局面	第一章
	人力資源策略的發展	第二章
第二部分　架構 — 第一步驟	建立人力資源願景	第三章
第二步驟	掃瞄環境	第四章
第三步驟	稽核自身的能耐和資源	第五章
第四步驟	檢視其他的策略性事業規劃	第六章
第五步驟	定義個別方針	第七章
第六步驟	整合行動計畫	第八章
第三部分 變革的程序	變革的架構	第九章
	人力資源策略的重新調整	第十章

5

步驟三：
稽核自身的能耐和資源

目標

- 瞭解稽核的概念
- 如何理解能耐（competence）和資源
- 如何進行稽核能力與資源的程序
- 如何將稽核的結果合併至主要的人力
  資源策略中

▼◀▲▼▲◀▼◀▼◀▼◀▲▼◀▲▼◀▲

　　大部分的員工和團隊領導人正忙著清理資料和文件，新老闆把他們召集起來，執行一次重要功能的稽核。一張列有稽核範圍和內容的清單一收到，就馬上在所有相關人員之間傳閱開來，這些相關人員被要求盡早完成該手續。這項新要求突然出現，出乎意料地，發生了很多問題：「我們的人手比需要的還多。」組織瘦身在過去只是理論，如今卻成為事實。謠言與繞著這個主題的討論滿天飛，有人突然想到：「讓我們來判斷員工的能耐」，「讓我們列出哪些員工對組織有較高的價值。」

▼◀▲▼▲◀▼◀▼◀▼◀▲▼◀▲▼◀▲

稽核：是一種存貨的盤點

　　從前有一個國王，備受人民的愛戴和推崇。他英勇強壯，是所有人類中最完美的典範。他謹記人民的福祉，爲人民作出公正的判決和統治，因此這個國家非常平靜幸福。許多年過去，國王年事漸高，但是他沒有子嗣可以繼承王位，於是他開始擔心。「誰可以照顧我的子民呢？」其他國家的軍隊不斷猛烈攻擊，接二連三地對他的國家造成威脅。這個國王想到：「在這種動盪不安的時候，誰有能耐赴戰場奮戰？誰可以維護王國內的和平？」他開始無法成眠，不知道該怎麼辦，怎樣才能找出最有能耐的人來管理這個國家？

　　我們的組織大部份就像國家一樣，人力資源功能更是如此。員工是這個國家的主體，用現代術語來說，就是策略夥伴（stakeholder）。組織的內部與外部環境一直在改變，科技戰爭、競爭、創新，組織不單只是需要一個國王來管理國家，更需要有能耐的專業人員，去了解員工，去了解在變動的企業環境下的人力資源需求。我們怎麼知道？答案是經由稽核的程序。稽核是一個苛刻但必要的字詞。好事發生時，得到的全是美名，而發生任何差池時，理所當然地，人們就會議論紛紛了。在我們邁向二十一世紀的同時，人力資源稽核的概念絕對重要。我們在稽核之後得到的結果，讓我們對於人力資源策略可行與否的能耐與資源有一個初始的概觀。稽核組織人力資源的程序並非憑空發生，而是整個組織運作的一部份。一旦環境因素經過評估後，便應該以環境和願景爲基礎，對組織中的能耐水準進行評估，這在整體的人力資源策略中是重要的一步。

　　評估目前的人力資源能耐、**實體資源**以及人力資源系統是個複雜的程序，涉及評鑑與組織需求有關的各項參數，這會讓我們可以對於現有的事物和需要的東西作出推斷。當我們試著制定未來的策略時，盤點上

述事物的庫存頗為重要，因為這些可以幫助我們確定其中的缺口，如此一來，我們就能擬想將來在人力資源策略中碰到挑戰時，在能耐和資源方面須提高的幅度。任何與組織特定需求有關的人力資源領域，就可以在稽核的時候進行評估。

有一對夫妻為了慶祝某個特別日子，到一家豪華的餐廳用餐。中國菜是這家餐廳公認的拿手菜。他們點好菜，而每道菜也都以極其豪華的形式呈現。用餐過後，這位太太問他的先生說：「菜好吃嗎？」這位先生回答：「不錯。」太太繼續問：「氣氛呢？」先生回答：「很好。」「服務呢？」「好極了，」他小聲地說。「音樂呢？」她再問他。「很差。」他回答。「那我們什麼時候會再來？」他說：「下次我們再看看別家餐廳，這家餐廳還好。下次我再想想有沒有其他的餐廳可以去。」這位太太感到訝異，她想不透為何會這樣，於是她再問她的先生：「既然每樣都好，為什麼這家餐廳只是還好呢？」這位先生回答：「我不是只看這家餐廳的某一面，而是看餐廳的整體。」

相同地，這個道理也可以應用在稽核能耐的觀念上。唯有各方面一起運作且彼此相輔相成，否則不可能達到想要的結果。稽核時，應就各個方面進行分析，以觀察所有構成要素對完成整體目標的影響。

稽核可以針對能耐或資源，做個別要素的稽核或整體稽核。若是個人稽核，應該將得到的結果加以整合，如此對員工的能耐才有公正的看法。

人力資源能耐

尼赫魯（Jawaharlal Nehru，曾任印度總理）、林肯、拿破崙，是什麼讓這些人特別傑出？他們成功的秘訣在於他們的潛力和能耐。成功取

決於努力奮鬥，也取決於能耐多寡。在現代企業的複雜環境中管理人群是一項挑戰，也因此更需要特別的潛力與能耐。對成功的組織來說，一個有能耐的人力資源團隊極為重要。人力資源在企業成長的過程中所扮演的特殊角色是確保能完美地管理變革，以及管理者有管理變革的技巧和能耐。根據殼牌石油學習中心的副主任費雪（Marcy Fisher）所說：「人力資源部門在組織文化變革中扮演著重要的角色。人力資源能建立變革管理技巧與程序的核心能耐。」（經濟評議委員會報告）

　　人力資源的本質非常具動態性。世界正快速變動，人們的行為模式也正歷經改變。傳統上，影響態度的環境因素最受人注意，尤其，要注意的是，社會背景影響員工的情緒，鼓吹員工的反感，因而影響到員工的工作態度。有彈性的態度常能協助人們適應其工作環境，它的效果可串連起整個組織，形成整體的組織文化。彼得杜拉克(Peter F. Drucker)認為，阻礙組織成長的最大障礙就是管理者不能順應組織的要求即時改變他們的態度和行為。人力資源專業人員的情形也是一樣。

　　人力資源是一項具有高度專業性的功能，它引進行為科學和工商心理學的特殊發現，並加以應用。人力資源功能涉及高度的人員引導及重視人類的心理歷程。由於人力資源活動並非制式的活動，因此，與執行人力資源活動有關的人員應該要了解行為科學的所有面向。人力資源功能與組織的變革、共同管理變革、對設備的管理、變動程序中對經理人的訓練輔導、透過標準挑戰管理當局、界定發展計畫、以及界定訓練計畫等程序，都有相當密切的關係。人力資源專業人員擔任了策略規畫程序中兩個潛在卻不相容的角色。其一是程序參與者，在這個角色中，人力資源專業人員代表人力資源部門，並就人力資源關心的議題發言。其二是促進者，確保所有議題都能適當地處理。

　　人力資源部門致力於界定與發展全公司的能耐，而全公司的能耐可以從企業的策略性目標推演出來，並將所有管理階層和企業功能串連起來。這些核心能耐被視為企業成功的重要關鍵，而所有的人力資源專業

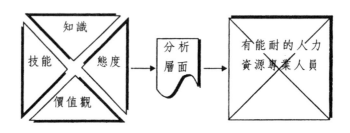

人力資源能耐　　　　　　　　　　圖 5-1

人員必須能夠確認與示範在組織結構和組織文化中能有效運作的行為，因而達成公司的願景。對聯合利華公司的格林哈格(Richard Greenhalgh)來說，最大的挑戰乃是他所稱的「為人力資源開發人力資源」，意思是「確保我們有接受過最完備的訓練、有能耐作最廣泛的人力資源工作、最積極的人力資源專業人員」(經濟評議委員會報告)。為了迎合這個「為人力資源開發人力資源」的挑戰，聯合利華界定了十一種能耐或行為指標，作為所有管理人員，包括人力資源專員，必須具備的基本條件。因此我們發現人力資源能耐的兩個構成要素：一是基本能耐，二是管理人力資源系統與程序、創新與領導的能耐。

基本能耐

　　能耐主要由四個基本要素組成：知識、技能、價值觀和態度。知識是在現在與未來的背景下對各種主題的了解。在現今的企業局面下，不

人力資源能耐　　　　　　　　　　　　問題討論 5-1

　　　請以下列量表對你所屬組織的每一項人力資源實務評
分：

　　　極佳＝１，好＝２，普通＝３，稍差＝４，差＝５

1.人力資源部門協助組織……
- 達成企業目標
- 改善營運效率
- 照顧員工個人需要
- 適應變動

2.人力資源部門參與……
- 界定企業策略的程序
- 人力資源程序的傳達
- 員工工作熱忱的增進
- 為更新與轉型而設計的文化變革

3.人力資源部門確保……
- 人力資源功能與企業相配合
- 人力資源程序被有效執行
- 人力資源政策和計畫反映員工個人的需求
- 人力資源政策和計畫提昇了組織變革的能耐

4.人力資源部門的效能由……的能耐來衡量
- 協助實現策略
- 有效傳達人力資源程序
- 協助員工滿足其個人需求
- 協助組織預測並適應未來的問題

5.人力資源部門被視為……

- 企業的夥伴
- 行政管理專家
- 員工的擁護者
- 變革的代言人

6.人力資源部門將時間用在……

- 策略性議題
- 營運方面的議題
- 傾聽員工的需要,回應員工的要求
- 支持新的行為以保持企業的競爭力

7.人力資源部門積極參與……

- 事業規劃
- 人力資源程序的設計與傳達
- 傾聽員工的需要,回應員工的要求
- 組織重整、組織變革、組織轉型

8.人力資源部門致力於……

- 結合人力資源策略與企業策略
- 監督管理程序
- 協助員工滿足其家庭及個人的需要
- 為了推動組織變革的行為改造

9.人力資源部門發展其程序及計畫,以……

- 連結人力資源策略,支援組織策略
- 有效處理文件和人事事宜
- 照顧員工的個人需求
- 協助組織自行轉型

時地更新知識是一項必要的工作。技能是一個人對任務的有效管理所具備的能耐，是透過練習、經驗和實際接觸得來的。價值觀是經過一段時間後，內心懷有的信念型態，是促使一個人做成決策的指導原則。態度反映出人力資源專業人員對員工和系統以特殊方式去感受和表現其行為的持續性傾向。例如，若有人不喜歡工商社會的忙碌，他可能會本能地對他的工作內容產生負面的態度。

管理人力資源系統與程序的能耐

定義完備的系統是成功的支柱，缺乏適當的人力資源系統會造成組織內部的各項活動在運作上的不協調及失常。組織在任何功能中，都應該為有效的工作和有效率的運作方式，強調定義完整的書面系統和程序。定義清楚的系統讓人容易了解，也易於進行溝通。所有員工都應遵循系統中已經界定好的相同程序，人力資源系統也需要適當地提供文件。每個管理者對人力資源政策和實務往往有不同的解釋，因此表達清楚的人力資源系統，可以消弭組織內部在執行系統時所產生的模糊不清和困惑感。

在實務上，人力資源的系統、工具及技術，需要人力資源發展領域的專才參與。組織是否能執行未來各種人力資源實務，仰賴人力資源專業人員的知識水準、能耐和意願。能夠管理人力資源程序及具有強烈人力資源色彩的公司，總是能在激烈的競爭環境裡佔上風。佛斯特（Dennis Foster），360度傳播公司的總裁，發表以下評論：「人力資源人員需要有好的領導技巧和一些實務經驗。在人力資源的成員方面，尤其是主管階級，我們試著任用曾在我們的營運單位或某個其他體制下擔任過總經理職務的人。這個作法讓人力資源部門有再生的機會。」（經濟評議委員會報告）

能耐的急迫性 專欄 5-1

湯瑪斯，

　　很高興能與你共度週末，討論該如何提升我們員工的
創造力。星期天上床睡覺的時候，我就是睡不著。我一直
在想，創造力究竟是與生俱來還是學習得來的，但我就是
想不出答案。我們給員工喘口氣和表達新點子的空間不夠
嗎？現在的方法出了什麼差錯？我對人類行為和系統的基
本哲學觀受到挑戰了，我必須說，我真的很困惑。

康昌

　　星期一早上 8:30。湯瑪斯品托，第一傳播公司的人力資源處
處長，他讀完這封信後，深深地嘆了一口氣。事情如果可以這麼
簡單地解釋就好了。康昌是派駐在分公司的一位非常有能耐的人
力資源專家。湯瑪斯回想起一年前康昌剛加入公司的那一天，她
從第一傳播公司的廣告代理商被挖角過來，是人力資源團隊中一
顆耀眼的新星。她的概念很強，對人有敏銳的察覺力。但是過去
六個月中，她卻遭遇困難。她對組織正在提倡的新創造力系統感
到束手無策，康昌就是無法使自己適應這套系統，也無法適當地
執行。

　　人是組織的競爭策略中首要的資源。通常，我們可以發現，由於人
力資源策略和人力資源能耐，使組織在所有高度競爭的企業環境中成為
大贏家。有時候，類似的生產線或擁有類似品質導向手法的行銷公司，
他們的市場佔有率卻有很大的差別，這就是公司的人力資源措施造成的
影響。

創新：「唯偏執狂得以倖存」　　　　　　　專欄5-2

　　克萊斯勒一位資深經理說過一句話：「與成功為伍，永遠都是一項挑戰。」他認清一個事實，成功通常伴隨著一個傾向，即變得保守、逃避風險、行事時依賴已經證明可行的方式去做。這些慣性的力量將組織困在非凡的過去，阻礙了創新和變革。沒有創造力來提振績效與掌握機會，使組織會變得停滯不前。他們強化現狀，在短短的時間內變得越來越有競爭力，到最後，面對長期性變革時，卻變得非常脆弱。ＩＢＭ、通用汽車、飛利浦家電、ＤＥＣ、積架等公司最近的經歷都太引人注意也太類似，讓人無法忽視。的確，微軟和英特爾都遵循著英特爾總裁葛洛夫（Andrew Grove）創造的格言：「唯偏執狂得以倖存。」

（資料來源：Tusman & O'Reilly，1994年，第56頁）

創新

　　創新是組織常常忽略，也未加以利用以達成人力資源策略的能耐之一。創新本身並不足夠，但是組織若以創新方法朝著實現組織願景而努力的話，就可以得到想要的結果。正如彼得杜拉克曾寫下的：「創新和行銷是驅動事業的兩大功能。」創新的程序通常包含複雜的互動關係。可口可樂一直將創新帶入其生產線，健怡可樂就是其中一項創新，它讓可口可樂取得更大的市場佔有率。相同地，將創新注入人力資源功能裡的組織，也會比其他沒有加入創新的公司搶佔先機。人力資源專業人員

面談之外   專欄 5-3

　　一家服務業公司正在招募IT（Information Technology，資訊科技）部門的負責人，該公司的IT部門正在流失原有的顧客，整個部門面臨混亂的局面。公司將好幾名應試者都列入了最後的候選人名單，並且請他們前來面談。最後有三名合適的人選，但是人力資源主管卻不知該採取何種程序做出最後的抉擇而陷入兩難。

　　IT部門負責人的職位不論是對IT部門重拾信心，或是公司繼續對該部門的發展，都很重要。最終的候選人被指派一項任務：了解目前該公司的IT狀況，制定長期的IT策略，並對管理高層做簡報。公司會給予他們相關的支援。公司根據他們所做的報告，以其適合與否做出評比，之後，這些候選人被要求與該公司的總經理會面。公司安排了一次正式的晚餐聚會，與高層團隊一起用餐，藉著這次不對外公開的議程，來評估每個候選人如何融入公司的價值觀和組織文化。高層團隊對每一位候選人的評估都表達了自己的意見，而這個餐會也在候選人與總經理進行最後的面談之後結束。這個篩選程序是人力資源部門過去從未採用的方式，這項創新讓組織得以在這行業中找到一位最優秀的人選。

的責任就在這裡：創新與有效地將可得的知識轉為可實際運用的措施。

　　人力資源功能的創新不只輔助企業的意圖，還與其他以創新為基礎的優勢相輔相成。如同前面提過的，人力資源專業人員扮演兩個重要角

色，即促進者和參與者。參與者的角色確保組織引進適當的創新，而促進者則確保這些創新是以和諧、便利、容易的方式加以採行。這兩個角色都很重要。

　　任何人力資源功能的缺陷和後續的處置，都阻礙著組織超越其競爭者。許多公司已經在管理智慧財產上作了良好的創新，因為有效地管理知識資源，是以創新方法瞭解顧客需求並加以滿足的重要關鍵。IBM的智慧管理系統就是一個絕佳的例子，它藉著文件和資料庫所儲存的詳盡解說來管理智慧財產。人力資源專業人員可以透過一連串的活動，以各種方式來進行創新。

領導能力

　　有效率的組織就像是一件有生命的東西，每一個部門都是這個組織的一部份，而這些部門「就是」它的人員。部門人員將自己的目標和生命注入組織和部門裡，部門的型態或結構的確會影響效率，就像人類的體型和骨骼會影響其跑步或爬山的能耐。體型和骨骼就像人類的骨頭和肌肉，是有極限的，但是一個人的精神則決定了這些極限的意義和實況；只有那些奮力向極限前進的人，才真正知道實際情形，但很少人如此做。領導者的精神即在此處發揮。人力資源專家的精神和驅策力可以為部門和組織注入能量，全球的總裁都認同這一點，也承認能夠創造出可生產知識資本（intellectual capital）之社會結構的領導能耐，將會是未來競爭優勢的關鍵。而人力資源專業人員的才幹和領導能耐，就是推向成功的助力和組織成長的驅動力。

　　領導能耐並非一定是指人力資源領導者本身的潛力和專業能耐，而是要從人力資源領導者的立場和公司的條件來判斷。真正重要的是添增附加價值的能耐，人力資源專業人員必須要能激勵整個組織的員工，並注入自己的熱忱，為部門乃至於組織增添價值。他可以將員工團結起

領導能耐 專欄 5-4

　　若領導能耐是支持南西航空公司（Southwest Airlines）
成功訣竅的動力，那麼，其領導能耐是何種型態？又是如
何運作？充滿熱情的領導能力就是南西航空成功的特徵。
南西航空有著開放自由的精神，鼓勵員工發揮想像力，表
達自己的個性，並運用領導能耐。南西航空透過合作的關
係來運作領導能耐，團隊中，領導者和合作者的角色可以
互換。基本上，領導能耐就是領導者及其合作者共同努力
的成果。

（改寫自：Freiberg & Freiberg，1996 年，第 298 頁）

來，為組織裡各種調停斡旋建立共識。

　　若某公司極需重整其作業和層級體制，一位有能耐的人力資源專家
可能是更適當的領導者。在進行重整的同時，必須去了解員工，處理他
們的不安和焦慮，光靠管理方面的能耐是不夠的。人力資源專家具有較
寬廣的角色，能在動態的企業環境中管理人力資源、監督員工在品質和
生產力方面的工作表現、協調相關人員的行為和關係，尤其，激勵高層
管理對人力資源策略的投入，並加以監督。

　　在由經濟評議委員會進行的一項橫跨北美、歐洲及亞太區域公司的
研究當中，91% 的 CEO 將領導能耐評為影響全球成長最重要的因素——
比作業、管理或環境因素更為重要。在這項研究裡，領導能耐主要被
定義為擬定及溝通願景、策略和目標，以及建立高層管理團隊。在經濟
評議委員會的研究裡，將自己評為具有優越領導能耐的公司，很明顯

我們知道什麼？ 專欄 5-5

　　根據一項對財星雜誌 1,000 大公司中的 400 名資深主管為對象所做的調查及訪問結果顯示，要讓現今的領導理論成為一般企業的實務，還有一段很長的路要走。這些主管們一致同意，將領導能力的根本原則融入管理人才的發展程序，對需要培養領導人才以維持競爭力的公司來說很重要。

　　資料顯示，許多公司沒有適當的領導人才來帶領他們度過變動時期。太多領導人才的培養重點主要還是以資深人員為對象，訓練依然是管理發展的支柱，而非包含更多方式的發展方案中的元素之一。發展是一個學習過程，非短期方法實現的長期過程。

　　許多公司越來越著重於培養全球性的領導人才，並採用多元方式來增進其發展。建立全球性的管理團隊，是創造強勢領導文化和儲備領導幹部的一個好方法。

（改寫自：經濟評議委員會報告：1190-97-ES-1997）

地，常常出現在財星雜誌所列績優公司的前幾名。

　　這也應用在人力資源專業人員的領導能力上。藉著發揮人力資源專業人員的潛力和精神，我們可以激勵組織的精神。組織可以買到人們承諾的日子已經過去了，失去收入的恐懼在今日也較舊時少見，因此「忠誠」一詞已經成為過時的格言。不論遇到失望或失敗，仍有高昂鬥志和精神支撐的組織必然是擁有認同組織及其夢想，決意與組織共存亡的員工。

信守諾言   專欄 5-6

　　華爾頓（Sam Walton），威名百貨公司（Wal-Mart
Stores Inc.)的創辦人及董事長，他是領導能耐中展現值得
信賴與「信守諾言」的絕佳例子。1983年，華爾頓被富比
士雜誌（Forbes）評為美國最富有的人，他打了一個賭。
由於擔心公司可能會有營運不佳的一年，他和威名百貨的
員工打賭，如果他們能達到比前一年更好的業績，他願意
穿上夏威夷草裙，一路跳草裙舞到華爾街。威名百貨的員
工辦到了。而華爾頓也辦到了。他信守諾言，即使要在大
家面前出醜，也要證明他的誠信。

　　　　　　　　　　　（改寫自：Pfeiffer，1989年，第234頁）

　　領導能耐是經營事業的新途徑。人力資源的領導能力應該兼具將組
織與其他組織區隔的特性。以下是理想的人力資源領能力層應有的一些
性質：

變革代理人（Change agent）

　　人力資源領導者應該能驅動整個組織進行變革並接受變革。最了解
變革進行條件的組織能夠吸引員工的支持，並依循組織的願景和程序進
行變革。這要藉由整個公司有一致的共識來達成，如專欄 5-7 所示。

變革代理人　　　　　　　　　　　　　　　　　專欄 5-7

　　湯姆梅隆（Tom Melohn），加州聖里安德洛（San Leandro）北美模具公司（NATD）的董事長，是說明變革代理人的很好例子。梅隆和合夥人共同買下北美模具公司，雖然曾擔任消費產品主管，但他對於壓鑽機或壓印機完全一無所知。自他買下這家公司，經過一段時間之後，北美模具公司在業界已經勝過其他公司，然而在原來的創辦人——一位經驗豐富的工具製造商——的帶領下，北美模具公司卻只有普通或標準以下的表現。如果不是梅隆將相關產業、公司或技術等專業知識帶進該公司，那麼就是激勵和銷售能力讓他率領著公司邁向傑出的成果。他的不二法門就是將工作交付給充分了解工作內容的專業人員。

（改寫自：Pfeiffer，1989 年，第 234 頁）

顧客導向

　　人力資源領導人應了解與重視內部顧客與外部顧客的重要性。好的領導能耐是由顧客開始。組織的目標是要滿足顧客的需求，超越顧客的需求，對顧客給予持續的重視，這接著需要透過人力資源功能來實現。

團隊合作

　　當組織出現障礙、敵對與不信任的情況時，人力資源的領導階層會與員工及其代表的團隊培養出合作與夥伴關係。夥伴關係不是虛偽矯飾，不是將原來的爭鬥換上新的面貌。這是為顧客而做的努力，而不是

領導能力   問題討論 5-2

- 你是否了解組織內部及其運作中所發生的事？
- 你是否有能耐處理組織正面臨到的問題？
- 你認為組織應該朝何種方向發展？
- 你是否做了正確的決策？
- 你是否對夢想的追求展現了個人的熱忱與毅力？
- 你是否會堅持你堅信不移的信念與價值觀？

為了爭奪權力。

人性的關懷

　　人力資源領導人應能使員工培養出歸屬感和受到關懷的感覺，並且孕育每個人都應持續學習的氣氛，使個人的尊嚴受到尊重，整個組織就像一個大家庭般地運作。換言之，領導人應培養出員工的信任感，創造一個有助於工作的環境。

資源

　　組織的資源主要是指財務、物質和人力等方面的資源。財務資源通常是以金錢的方式取得，譬如為部門編列預算時所做的預算分配。物質資源是實質的有形資產，譬如機器、土地、建築物、工作環境設施等

等。而員工即為人力資源。

　　為了使人力資源活動有效率地運作，適當的資源配置是必要的。完成不同活動所需的合格人員、合適的工作條件、訓練支援、技術手冊、諮詢資源、足夠的資金等等，都必須在人力資源團隊的年度預算中有足夠的配置。

　　組織由各種不同的部門組成，這些部門必須擬定適當的年度計畫，以進行資金分配。不同的事業部門，例如行銷、財務、生產和人力資源，都必須經過年度預算的編列程序。組織必須一開始就設定好大略的目標，各個部門必須根據組織的大目標訂出該部門的小目標，並且為該年度訂出質和量的達成目標。組織也必須能夠在必要的時候援用其他資源。根據已知年度的財務分配和可利用的其他資源，組織的年度預算便可慢慢形成。

印度油品公司的經驗　　　　　　　　　專欄 5-8

　　印度油品公司（Indian Oil Corporation）已經發展並執行一套完善的人力資源管理架構，以加強「人力資源發展」帶來的產業和諧、人力資源的利用、維護、以及人力最適化（manpower optimization）。

（改寫自：Gupta M. L.，1998 年，第 151 頁）

稽核程序

　　能耐和資源的稽核對任一組織來說都非常重要。所有人力資源的稽核都應視爲瞭解現況、及發掘策略的缺點和障礙之主動工具，而不是事後的被動反應工具。能耐的稽核是探索調查組織現有優勢能耐的一種努力，稽核可以提供我們有關制定人力資源策略時必須彌補的缺口之相關資訊，以及在目前狀況下策略可被實現的程度之相關訊息。能耐稽核必須能解答組織是否有能耐成功地執行訂出的人力資源策略，這是個重要的問題。

　　能耐的評估要能成功，換句話說，要能影響工作和組織績效，必須建立在對公司政策具備健全的策略性了解上。針對特殊情況能作彈性的思考，並採取最合適的方法，是相當必要的。

　　這裡，我們舉一個稽核價值觀的例子，這是能耐稽核的基本因素之一。我們將價值觀定義爲「一個人經過一段時間後，在衆多信仰中選定的一組信念」。價值觀的稽核是最重要也是最困難的程序，需要組織對其人力程序背後所隱含的基本信念作深入的分析。

　　價值觀稽核的工作在於檢視人力資源專業人員的價值觀，而非組織的價值觀。一個以優秀傑出爲個人重要價值觀的人，和一個以高位顯職爲個人價值觀的人，有不一樣的目標和夢想。同樣地，一個視誠實爲價值觀且對權力沒什麼興趣的人，就和持有相反考量的人不一樣，他會爲其員工設想不同的組織和個別的未來。這些差異對於組織結構、組織文化、信念、系統，以及人力資源部門的任一個領域，都有清楚的含義。因此，在爲稽核做規劃的時候，要特別注意到，必須取得所有可以指出組織朝向既定策略方向之能耐的資料，任何有助於組織更加了解其現有運作能耐的資料，都應該包含在稽核的內容裡。

　　這個程序可分爲以下三個步驟：

程序圖　　　　　　　　　　　　圖5-2

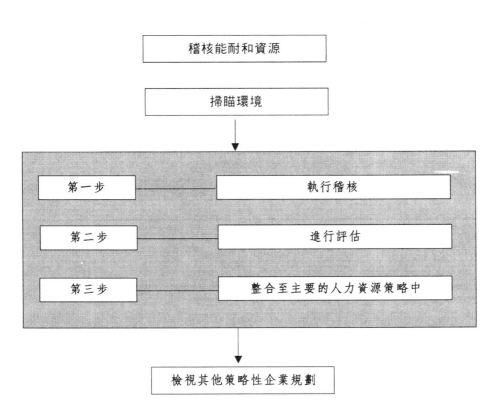

- 第一步：執行稽核
- 第二步：進行評估
- 第三步：整合至主要的人力資源策略中

第一步：執行稽核

我們列出一些人力資源稽核中的重要領域，如果你覺得需要為你的組織找出其他相關領域，也可以為那些相關領域進行稽核。以下幾項特別需要稽核，以評估公司現有的資源狀況：

- 人力資源部門的能耐——人力資源系統的基本能耐和管理能耐
- 資源稽核——財務資源、物質資源和人力資源稽核

人力資源部門的能耐

要能有效且有效率地管理組織裡的人力資源系統，有兩件事情非常重要。就能耐而言：在管理人力資源系統上，人力資源專業人員如何勝任，以及他們的能耐為何。在組織採取人力資源程序前，對這兩方面進行分析是相當重要的。

確認人力資源團隊的能耐包括以下幾個步驟，這些步驟可依情況個別選用或混合採用。以下是各步驟的簡述：

了解策略的涵義

這是第一步，旨在對企業的策略性要求有完整的了解，因此需要對已知的企業環境、公司宗旨和企業策略有清楚的認識，這是為企業界定出策略性能耐領域的出發點。

能耐的策略性領域

在這個時候，認清並確認企業策略的關鍵性成功因素是必要的，如此才能找出能耐的策略性領域。能耐的策略性領域定義為，若人力資源部門要達成其願景，組織必須有能耐的領域，而且對員工的能力有某種

涵意。組織要成功，必須具備這些能耐，這些能耐聚集在一起時，就足以達成願景。因此這份清單必須反映出完成願景所需的最低能耐組合。

能耐要求

能耐要求指完成某個特定工作背後的抽象行為。此一構面可能包括知識、技能、行為和其他可以準確定義和評估的因素。能耐要求來自三個方面：

- 企業的要求，反映在能耐的策略性領域。
- 工作本身的需要，包括業務或專業和技術等要求，以及個人的管理和領導能耐。
- 來自組織文化對員工行為的要求。

藉著衡量能耐要求和人力資源專業人員實際具有的能耐，就可以證實需要彌補的能耐缺口。這些活動的效果端賴對重要能耐的清楚描述，這又來自業務的策略性要求。

資源稽核

資源稽核是盤點各種資源的程序，如財務、物質和人力資源。財務資源稽核是建立在會計準則的基礎上，在預算編列程序中，財務資源的配置決定某部門進行各種活動時可利用的資金。人力資源部門也必須經過預算評估的程序，清楚的資金分配讓人力資源專家得以決定人力資源系統的制定和執行之程度。

稽核時，書籍、電腦、科技等基礎建設屬於物質資源，而人力資源必須以另外的方式進行稽核。首先，經由強度分析程序得到現有物質資源的實際數字；然後，再針對未來的人力資源規劃程序。人力資源的利用可以藉由人力研究和類似的相關程序進行稽核。現在試著將問題討論（5-4）應用到你所屬的組織上。

人力資源能耐稽核　　　　　　　　　　問題討論 5-3

　　試利用以下列舉的項目來評估人力資源能耐。

基本人力資源能耐

- 衝突管理策略的知識
- 個人成長及其方法的知識
- 對個人效能與管理效能的了解
- 積極助人的態度
- 對本身能耐的自信與信賴

管理人力資源系統的能耐

- 設計人力資源系統的設計能耐
- 有關人力資源哲學觀、實務、政策和系統的知識
- 測量人類行為的工具與方法的知識
- 促進人力資源系統執行和監督人力資源系統的能耐
- 人力資源系統近期發展的相關知識

創新

- 學習導向的層次
- 想出新點子的能耐
- 進行實驗的意願

領導能耐

- 衝突管理的能耐
- 影響部門主管的能耐
- 激勵他人的能耐

資源稽核　　　　　　　　　　　　　　　問題討論 5-4

財務資源

- 人力資源部門是否有編列預算？
- 是否對該部門的財務狀況進行例行性的檢查？
- 高階管理人員是否對人力資源計畫的財務方面給予充分的優先權？

物質資源

- 對於人力資源部門是否提供了必要的基礎建設支援？
- 人力資源部門的技術升級為何？
- 人力資源部門中是否有藏書室？
- 是否有訓練發展的基礎建設？

人力資源

- 組織現有的人力優勢為何？
- 組織的損耗率為何？
- 對不久的將來所提出的人力增加計畫為何？
- 何種人力規劃已經付諸實行？

第二步：進行評估

　　為了要準確地評估人力資源的優劣，組織必須先作目標評估。這項評估內容必須包括包含所有管理階層在內的有效人事。根據稽核的結果，很容易地就可藉由處理的優先順序，將被選定的必要能耐與資源和目前的缺口，進行資料彙整和評估，而這個評估機制在顯示優勢和劣勢的重要性上會很有效。

進行評估　　　　　　　　　　　　　　　問題討論 5-5

1.在增強人力資源部門的未來角色時，最重要的三個劣勢
　和優勢範圍分別為何？

　　（請以 1 ＝最重要，2 ＝次重要，依此類推進行評分）

　　　　　　　　　　　　　　　　　　| 劣勢 |　　| 優勢 |

　　• 人力資源人員的技術或能耐

　　• 科技

　　• 報告的架構

　　• 資深人員在管理上的支援

　　• 人力資源部門的信譽

　　• 多元化的勞動力

　　• 國家或文化的差異

　　• 法規限制

　　• 工會

2. 以下為組織中各種影響人力資源目標的因素，請依其影
　 響程度評分。

　　（高度—4，中度—3，低度—2，不影響—1）

　　　　　　　　　　　　　　| 1 |　| 2 |　| 3 |　| 4 |

　　• 提昇的勞工生產力

　　• 員工的訓練與培養

　　• 受市場驅策的報酬結構

　　• 系統化的績效管理

　　• 領導能耐與團隊建立

　　• 招募及僱用優質的勞工

　　• 競爭的利益或獎賞

- 有效的溝通
- 克服技術短缺
- 文化的建立

　　我們必須進行比純粹找出現有能耐水準及將來需要的能耐水準還要深層的評估，這項評估必須對專業人員進行個人的概要瞭解，詳細描述他們在反應上的優點和能耐，評估他們的弱點和資源的性質，對未來的事件與所需的能耐與資源加以研究，並相聯起來。這項評估能為人力資源繪出一張清晰的整體圖像，也可以讓我們就技能、系統、科技和結構各方面，了解我們的組織目前的定位。

第三步：整合至主要的人力資源策略中

　　找出上述第二步中存在於不同範圍裡的缺口。能耐和資源稽核的結果會變成制定人力資源策略時的投入，這些只是暫時讓我們能夠定義出組織的終極目標，並且讓人力資源策略配合所需的組織方針。

　　當我們知道人力資源專業人員的能耐水準，就會對未來達成人力資源願景時所需的水準有一明確的概念。舉例來說，如果人力資源專業人員現階段在整合與維護科技變革的界面上能耐水準不高，而組織的願景卻致力於將其事業配合科技的脈動，那麼，將來這個領域的能耐水準便需要加強，使得技術能耐的目標可以被提昇。同樣地，現有資源的規模與水準和人力資源目標與人力資源系統要求串聯之後，可作為界定實現資源要求的目標之底線。

人力資源策略房屋模型　　　　圖 5-3

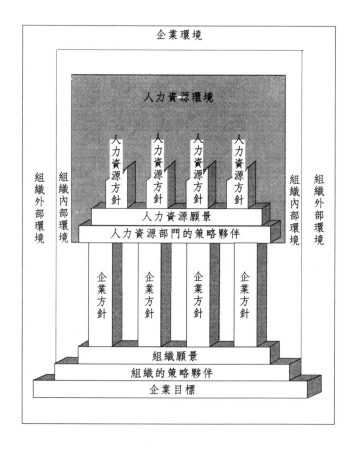

　　人力資源策略的重點是在引進所有可為組織增添附加價值的資源，並加以有效利用。隨著社會結構和生活水準不斷地改變，以更高的成本得到有才能的人力是必然的現象。因此，人力資源策略會聚焦於改善實

質和非實質的獎勵，以吸引有技能的人。以電腦軟體公司為例，有才能
的人力成本高，若組織為低報酬制，便會有吸引不到人才之苦。

　　就如我們前面所討論過的內容，人力資源策略程序以房屋模型來說
明，最能夠被了解與運用。這個模型並不保證一定成功，但它的確為制
定人力資源策略提供了一個清晰實用的方法。人力資源策略中主要組成
要素之間的相互關係會隨著上述每一步慢慢建立起來，其中任何一個組
成要素的改變都可能迫使其他組成要素隨之改變；因此，這些組成要素
是彼此相連的。經過能耐和資源的稽核，我們就可以繼續往建立人力資
源目標前進，使人力資源目標在稍後的階段慢慢成型。

摘要

- 能耐和資源的稽核是一個重要但常常被人力資源部門忽略
  的需求。
- 稽核是一個難以忍受卻又不可或缺的字眼。人力資源稽核
  的程序橫跨執行稽核、進行評估，以及將結果整合至主要
  的人力資源策略中。
- 人力資源專業人員需要培養能耐，因為他們創造出激發熱
  情與突破的挑戰。
- 有能耐的人力資源專業人員必須用想像力來激發、誘導、
  喚起新的能耐水準。富有想像力的領導必須以引導和激勵
  的言語來維持人員的熱情。

人力資源策略：變革的架構
步驟程序圖

第一部份 總論	人力資源策略新興的局面	第一章
	人力資源策略的發展	第二章

	第一步驟	建立人力資源願景	第三章
	第二步驟	掃瞄環境	第四章
第二部分 架構	第三步驟	稽核自身的能耐和資源	第五章
	第四步驟	檢視其他的策略性事業規劃	第六章
	第五步驟	定義個別方針	第七章
	第六步驟	整合行動計畫	第八章

第三部分 變革的程序	變革的架構	第九章
	人力資源策略的重新調整	第十章

6

步驟四：
檢視其他策略性事業規劃

目標

- ●如何瞭解規劃的概念及其重要性
- ●如何評估策略性事業規劃（SBPs）和人力資源的關係
- ●如何將策略性事業規劃中的人力資源部分整合至人力資源策略中

▼◄▲▲◄▲▼◄▲▼◄▲▼◄▲▼◄▲▼◄▲

　　任務完成了。在一場馬拉松式的內部會議之後，人力資源
團隊已經擬妥今年的行動計畫，他們正拿著詳細的計畫書向公
司高層做年度計畫的簡報。一些資深的管理者不同意他們的看
法，說道：「這些計畫以什麼為基準？我們的需求在哪裡？」於
是很多的行動計畫被刪除，人力資源團隊對此感到沮喪，他們
懷疑：「到底是哪裡出錯呢？為什麼我們精心策劃、充滿挑戰
性的計畫會被拒絕？他們並不瞭解我們！」

▼◄▲▼◄▲▼◄▲▼◄▲▼◄▲▼◄▲▼◄▲

計畫：是一種前進的方法

　　印度河流域的大浴場（Great Bath）、埃及的金字塔、美索不達米亞平原的斯芬克斯（人面獅身像），如果這些古文明教導了世界什麼的話，那麼，就是規劃的藝術了。眾所周知的宏偉結構、城市設計和排水系統，這些古文明透過她們建築的美麗，反映出鉅細靡遺的規劃程序。在每一座城市興建之前，城鎮的規劃者決定城市的外觀、房屋座落的位置、街道要鋪設在何處，以及要使用哪些材料。

　　同樣地，世界上一些最優秀的組織，無論是製造業或服務業，因為它們的規劃、具前瞻性、預見未來而引人注意。這些對於組織的成功與否大有幫助，雖然在任何情況下要窺見未來很困難，但是策略性事業規劃（SBP）這一項重要的活動，卻讓組織能夠監督大部分的不確定性，也因此促成組織的成功。

　　策略的變換能力不能以最精細的方式考慮，它讓組織致力於資源的最大利用，視其能耐，理性地管理組織的生產線，充分利用組織能耐，並為組織的策略夥伴創造價值。假設世界充滿不確定性，始終隨著競爭的環境改變的活策略，最有可能讓人成功。這種成功的策略不是只和三年或七年中可能結果的機率分配有關，還做了最有可能的選擇。

　　從早期開始，組織就已經集中精力在規劃及制定可以改善營運的策略。他們設計出一套架構，幫助組織不斷重新檢視和競爭者有關的方法。規劃的程序應該這樣設計，才能激勵思考、刺激思考。要發展企業，光是三不五時討論一下，寫寫文件，讓文件在那裡積灰塵，明年初再開始實行計劃，最後把文件丟進垃圾桶，這樣是不夠的。策略必須像一輛具有機動性的貨車，日復一日地收集垃圾，一直試著去清除垃圾和不適當的東西。同樣地，策略也必須是動態的，一心一意專注在相關的構成要素上，做出正確的選擇，廢除對組織利益無用的計畫。為了創造

健全的市場優勢,

並產生高報酬率,需要一些持續的程序,亦即發展策略性選擇、運用人力資源的潛力、定期評估與再評估,最後選擇最好的策略性規劃。

因為世界不斷地改變,所以組織需要策略性規劃。假設從現在開始的兩年、三年或五年後的經濟情況、消費者需求、消費者期望、市場競爭和其他許許多多的因素和現在相同,實在是一件既魯莽又不切實際的事。策略性規劃是一項系統性的程序,組織用它來處理無法避免的變革,也用它來試想組織本身的未來。這個程序很重要,因為它使得組織能夠將本身的未來具體化,而不是只有為將要發生的情況做打算。

什麼是策略性事業規劃?

策略性事業規劃(SBP)是企劃組織長期企業目標時的重要工具。其程序將企業的性質考慮進去並妥善計劃,是一個詳細的程序;也是運用規劃及預測組織未來競爭力的方法。這是一個連續的過程,組織必須不斷演進其策略性事業規劃。安德魯斯(Andrews)將公司的策略區分成四個基本要素,明確地說明了事業規劃的統合性質:

- 組織可能會做的
- 組織能做的
- 組織想做的
- 組織應該做的

根據上述幾點,組織必須牢記本身的能力,學著變得具有競爭力,讓組織從眾多的競爭者中取得優勢。組織必須制定企業策略,將它獨一無二的能力包裝在其競爭優勢中。接著,組織應該憑藉優於其他競爭者的競爭優勢,朝著增強本身的附加價值而努力。此外,組織還必須保護

組織策略性事業規劃程序的基本要素　　　　圖 6-1

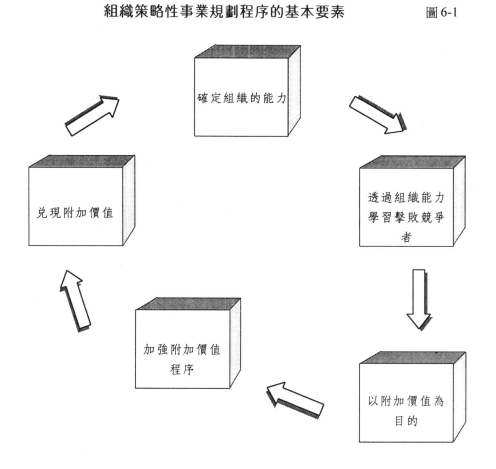

自己不受到環境持續變化的衝擊。而決策的社會面和道德面（組織應該
做的）可能也要加以考慮，但是幾乎可以確定的是，這些會受到組織的
價值觀、抱負及其決策者的影響（組織想做的）。

　　在做策略性事業規劃時，管理階層一直被覆以和其他部門平衡或配

合的力量，以確保一致性、相容性及有效性。決定公司能做什麼時，牽涉到的不單是了解組織本身的資源和特殊能耐，還要詳細說明哪一個市場和環境機會可以最有效地開發（組織能做的），然後利用這些特殊的優勢。

組織以其能力在市場上獲得的優勢，對策略性事業規劃來說，是一個重點。組織必須先確定其特殊潛力，讓組織在特定市場中佔上風。譬如印度斯坦利華（Hindustan Lever）的消費性商品公司，透過加強的銷售網路將商品販售到鄉村地區，就是一個重要的特殊潛力。同樣地，經營電器產品的公司，譬如新力（Sony），持續的技術創新就是一項特殊潛力。

資源、能耐、技術潛力、生產線、市場佔有率、市場定位和財務資本，都是在做策略性規劃時需要仔細考量的要素。策略性事業規劃的程序詳細分析了優勢（strengths）、劣勢（weaknesses）、機會（opportunities）和威脅（threats）。優勢和劣勢是影響組織的內部因素，而機會和威脅則是外部因素。企業的不同面向，例如產品、市場、財務、人力資源、技術等等，都根據長期和短期的事業計畫、產品差異、市場區隔、財務狀況等，進行詳細的研究。判斷組織的優勢和劣勢時，各個方面都要考慮，包括人力資源在內。除了聚焦於市場、產品、財務和技術之外，將重點放在人力資源上也是策略性事業規劃程序中的重要面向之一。只有適當地管理員工資產，組織才能實現財務、產品、行銷、業務、利潤的目標。有組織良好，包容力大，重視各個面向、各個層級的策略性事業規劃，才能獲得優良的員工績效。

企業變革對人力資源的衝擊　　　　　　　　　　專欄 6-1

　　當阿爾發工程公司計畫將以往產品做整合時，他們針對產品識別及可能的製造計劃，做了詳細的策略性事業規劃。確定要收購的是工業城中的一家公司，雖然該公司經營不善，但可以生產高品質的產品。交易已經談妥，重振公司的計劃也擬定好了，並且透過工會和員工協商，處理過渡時期的救濟金發放工作。經過一個月的討論之後，這家經營不善的公司老闆決定不賣他的公司了，這使得該公司的員工士氣大振。對這個組織而言，這是所有員工努力使公司起死回生的轉捩點。對阿爾發工程公司而言，卻打斷了他們計劃從這家經營不善的公司吸收人員的人力資源規劃。

連結人力資源議題與策略性事業規劃

　　策略性規劃對組織的成功是不可或缺的要素，其主要功能是幫助企業藉由有效地組織人員來達成組織目標。雖然大部分的組織認同規劃的重要性，也常常做規劃，但是很多組織都在拼命達成他們的目標，會這樣子，主要是因為他們沒有把策略性規劃和人員的管理做連結。公司在達成組織目標時，對人力資源的規劃通常只是嘴上說說，很少進行詳細、周密的分析。萬一公司內部無法供應足夠的人力時，主管們有信心，一定可以從外部市場招募到能夠滿足未來企業需求的員工。事業規劃師傾向於將重點放在財務和行銷方面的規劃，通常他們剛開始接受職

務上的專業教育時，就忽略了人力資源的因素。

在特定環境中，要以人力資源可利用的質和量經營企業非常艱難。但是，人力資源讓事情成真，因此應該作為界定企業策略程序時的重點之一。然而，企業集團的策略性事業規劃鮮少將注意力放在人力資源的議題上，人力資源的考量通常都侷限於編列年度預算的程序中。人力資源議題的重要性只有在公開討論和刊物中才會被引用提及，而內容也被限制於策略性事業規劃決定人力資源的需求，譬如招募和訓練的需要。通常人力資源規劃被視為是必要的，但卻只是附屬的程序而已，目的在確定有數量足夠和類型適當的人員可以執行業務。企業策略決定人力資源的需求眾所皆知，但是人力資源會影響事業計畫的可能性，卻普遍被忽視。

如果一個組織想要開始新的事業或擴展電腦軟體的業務，在這個情況下，就必須檢視組織內是否有適合的合格軟體工作者。假如有的話，有多少人？用什麼方法可以留住他們？如果企業經營的各方面都很順利，只有人力資源沒有順利運作，那麼，這個組織就無法隨著已規劃好的路徑去發展或繼續成長。而檢視良好的策略性事業規劃之構成要素——願景和價值觀、結構和角色、招募和遴選、訓練和發展、溝通和關懷——不僅為公司本身帶來利益，對員工也有好處。組織應該在擬定業務計畫時就考慮到和事業規劃有關的人力資源管理議題，另外，還要考慮人力資源議題對企業成就的潛在衝擊。這些議題在針對達成組織方向或組織重點的變革之遠程規劃上特別重要。

但是忽略這個重要關連的風險很大。在結合生產線的計劃中，一家消費產品公司假設相同的銷售人員可以代表所有的生產線，但這個假設最後證明是錯誤的，而且使先前有利潤的生產線無法達到一般水準，最後只好放棄。另外一個例子，一家化學公司迅速增加新的生產設備，耗盡現有的計畫去滿足需求，卻沒有對栽培必要的經理人做出規劃。結果公司開始運作之後，常常因為主要人員的經驗和訓練不足，而拖延了時

遠程規劃中的人力資源議題 專欄6-2

　　某個從事服務業的組織已經在銷售LPG的領域中多角化經營，該組織採取的企業策略重點在於高品質的顧客服務，根據高優先順序來處理顧客投訴，決定回應的時間。但是，市場對他們所做的努力反應不佳，因為他們只在幾個城市中吃得開。這個策略是模仿麥當勞的連鎖餐廳，麥當勞各分店在全美國都是一樣的。該組織的策略並未奏效，所以他們必須透過在全國指派特許經營者的替代方案來因應。他們學到，顧客關心的是產品價格以及是否能迅速得到產品或服務。在公司建立大量的人力去配置銷路的過程中，在銷路中也形成了無生產力的資產項目。經營團隊的策略改變，迫使人力資源團隊規劃出重新部署行銷人員的方法，因此，就長期而言，人力資源議題必須和企業計劃一前一後相互配合。

間，遭遇問題。

　　這裡有一個正面的例子，一家主要以石油和煉油產品為主的公司，在需要新的工廠主管和技術人員之前就先有所行動，並且有系統地從各個工廠裡調動預備的人選。再以另外一家從事銀行業的公司為例，他們配合公司事業計畫中所企劃的內容，部署所有員工來滿足工作量的需求，並根據遠程的銀行業務擴展計劃，培養銀行營業處主管。授權各個職位去支援特定的事業計畫，譬如特定行銷策略中新的業務拜訪計劃。

　　組織通常會籌畫年度的人力需求預測，做為規劃對外招募、人員重新委派和晉升，以及年度訓練計劃的準則。但是年度規劃的範圍無法將

遠程的事業計畫和新設備、新產品、減少支出、組織擴張等需求,或逐漸改變性質的天份條件等因素列入考量。有效的人力資源規劃牽涉到遠程的人才職涯發展,以及組織中人力資源運用和控制的遠程規劃。以某製造公司為例,在經過長期的等待之後,組織批准了員工提議的專案。當該專案判定對公司有利時,整個公司充滿了令人喜悅的氣氛。這充滿快樂的理由是因為現階段營運發展的機會已經處於飽和狀態,而公司也無法找到新的成長方法,唯一的成長機會似乎就是這個新的專案了。人力資源馬上會面臨的困難是要組成一個專案團隊,因為公司早就已經決定不會再增加人手,所以新的團隊由公司的內部資源組成。這不僅使人力資源團隊重新分派員工,也有效地實現他們的生涯規劃,並且逐步淘汰沒有生產貢獻的員工。

　　對於人力資源規劃中策略性觀點的需要,我們可以在以下的金融服務組織中看到:「當組織成長得越來越大、越來越複雜的時候,我們承認,需要更有系統地規劃如何配置企業所需的人員。缺乏足夠的人才可能是我們維持未來組織成長時,在能力上唯一的主要限制。對於更廣泛的雇員規劃和培養來說,這是一個實用的方法。」在其他的組織中,從遠程人力資源規劃所預測到的利益包括:

- 對企業策略中的人力資源部分有更深的了解。
- 事先從校園及市場上招募有經驗的人才。
- 更好的生涯規劃及其他的員工培養發展計劃,譬如傳承使員工的前途在遠程有擴展的空間。
- 藉著提供薪資表、人員流動率、重新配置、訓練和其他成本等更客觀的標準尺度,改善分析、控制人事方面的支出。

面試技巧　　　　　　　　　　　　　　　　　專欄 6-3

　　全錄公司（Modi Xerox）中所有的委派任命，都要經過人力資源計劃和預算的檢驗。每一位部門經理都經過面試技巧的訓練，以確保面試官的一致性，以及對應試者適當的評價。部門經理和人事主管一起執行應徵者的審查，篩選過後的應徵者隨後接受面試，並測驗工作知識和技能。

（改寫自：Monappa & Shah，1995 年，第 43 頁）

　　許多組織主張用有計畫的方法來管理他們的人員。他們主要採取的典型方法是標語，譬如：「員工是我們最重要的資產」或「我們的員工和別人不一樣」。當組織無法達到或超越標語所說的內容，或未考慮到策略性事業規劃中的「人力資產」時，就會產生困難了。

明天和未來的願景：塔塔鋼鐵（Tata Steel）　　專欄 6-4

　　塔塔鋼鐵中的人力資源策略一直被公司業務牽著鼻子走，在某個時期也經歷了許多轉變。塔塔鋼鐵創辦人的價值觀對其工作文化產生很大的影響，說明了管理階層對實現塔塔鋼鐵願景的人生觀。該公司目前的策略包括進行冗員的裁撤、所有員工在績效上持續的訓練和培養、不斷改善員工有較重要的回應之程序等等。

（改寫自：Gupta，1998 年，第 1-4 頁）

舉例來說，在一個消費商品的組織裡，管理階層和員工花費兩年的時間去發展一套有關信任、相互尊重、合作和團隊工作的聲明——一份內容描述的情況根本不存在的聲明。規劃仍然繼續進行，其重點集中於減少預算、限制支出、限制員工的意見和參與。這份聲明發展完成的四年後，在生產力、顧客服務或員工的士氣上並沒有發生任何改變。他們並未在「人的效果」（people results）和人力問題的焦點放上足夠的注意力。實際上，「人的效果」能夠以傳統事業計劃中無法感受到的方式領會和體驗，而「人的效果」每天都在產生活力、工作樂趣和工作績效。

分析策略性事業規劃的程序

分析策略性事業規劃的程序是一個方法論，嘗試瞭解及查看其他單位的策略性事業規劃中有關人力的遠景。協助整個企業將人力資源方針和人力資源策略的目標相結合。分析策略性事業規劃的程序有三個步驟：

行動一：確認策略性事業規劃中的人力資源因素
行動二：加強策略性事業規劃中的人力資源因素
行動三：整合至主要的人力資源策略中

行動一：確認策略性事業規劃中的人力資源因素

策略性事業規劃是遠程的工作，具有很大的效力，遠比只聲明人是達成組織目標的重要因素所產生的影響大多了。它詳細描述組織需要的「人的效果」，以及如何測定這些效果。而診斷策略性事業規劃中的人力資源因素，可以在為組織中不同單位陳述企業策略時，更容易理解如何將這些因素合併。使策略性觀點適應於人力資源管理時，組織應該著手

流程圖　　　　　　　　　　　　　　　　圖 6-2

```
┌─────────────────────────────────┐
│      檢視其他的策略性事業規劃       │
└─────────────────────────────────┘
                 │
┌─────────────────────────────────┐
│        稽核本身的能耐和資源         │
└─────────────────────────────────┘
                 │
                 ▼
┌───────────────────────────────────────────────┐
│                                                 │
│ ┌──────────┐      ┌──────────────────────────┐ │
│ │   行動一   │──────│ 確認策略性事業規劃中的人力資源因素 │ │
│ └──────────┘      └──────────────────────────┘ │
│                                                 │
│ ┌──────────┐      ┌──────────────────────────┐ │
│ │   行動二   │──────│ 加強策略性事業規劃中的人力資源因素 │ │
│ └──────────┘      └──────────────────────────┘ │
│                                                 │
│ ┌──────────┐      ┌──────────────────────────┐ │
│ │   行動三   │──────│    整合至主要的人力資源策略中    │ │
│ └──────────┘      └──────────────────────────┘ │
│                                                 │
└───────────────────────────────────────────────┘
                 │
                 ▼
        ┌─────────────────┐
        │     界定目標      │
        └─────────────────┘
```

進行下列各項：

1. 使用組織策略（所有層級、事業單位或不同職務）去確認
   需要何種人力資源以及這些資源應該如何分配。組織中的
   每個單位，根據不同的工作內容，應該指派適當人數的員
   工。

2. 發展、執行人力資源政策。這些政策包括遴選、獎勵和培養對於完成組織目標最有貢獻的員工。

3. 採用有效率的人力資源配置計畫留住員工來達成目標。

4. 透過產品或服務與市場的性質決定組織目前及未來的需求時，應發展員工能耐和這些需求相配合的制度。

以市場爲導向的訓練　　　　　　　　　　　　專欄6-5

　　隨著印度開始重視競爭和行銷，塔塔集團（Tata Group）的訓練和課程「從產品導向轉變為市場導向」，位於印度浦那的塔塔管理訓練中心經理莫內茲（Francis Menezes）如是說。像塔塔鋼鐵這種龐大的企業團體，雖然還未面臨激烈的競爭，但是在很久以前就已經預料到未來會致力於企業瘦身和更好的訓練。

（改寫自：Monappa & Shah，1995年，第81頁）

　　策略擬定時的人力資源構面分析，通常對實務沒有很明確或容易瞭解的做法。危險的假設會不知不覺地蔓延到管理階層對人力資源的判斷力，因爲這些判斷無法有系統地確認和分析。在確認每一個人力資源的構成要素之前，界定出必須檢查的部分很重要，而分析可以出現的潛在因素亦然。譬如，組織裡的員工處理危機的能力可以是一個很重要的人力資源面向。利用危機，從逆境中創造成就、從恥辱中創造激勵、從危險中創造機會，可以建立人力資源的預測面向。當危機打擊到組織的核心時，通常打擊到的都是必須做出反應的人員。預測未來的需要不是一

件容易的工作，但是通常可以透過一些評估的因素來幫助預測，譬如數
目、技術、能耐、生產力、資格、附加價值等。策略性事業規劃中的人
力資源範圍如下所示：

- 人力資源概況
- 人力資源的估量和預測
- 能耐水準
- 訓練策略
- 生產力的參數
- 現有的人力資源策略（若有的話）
- 其他

人力資源概況

　　每一個事業單位在界定其策略性事業規劃及提出人力資源策略時，
首先要描述事業單位想要創造出什麼樣的人力資源概況。

人力資源概況　　　　　　　　　　　　　　問題討論 6-1

　　準備一段簡短的評論（大約一頁），寫出為了達成你
的策略性企業規劃所需的人力資源概況為何，換句話說，
亦即你的事業單位需要何種人力資源達成你的策略中所設
定的目標。請就能耐、資格、態度等方面的概觀做報告。

人力資源的估量和預測

　　人力資源的估量是透過對目前與未來組織的人力資源優勢進行分析的程序，可以引導人力資源在招募、安排、留任和人員調度的決策。人力資源的估量和預測可以透過以下的方法進行：

目前的人力資源優勢

　　目前的人力資源優勢是透過考慮組織內部所有現存的人力資源之估量程序進行評估，分析各層級員工的責任、權力和控制的狀況。

目前的人力資源優勢　　　　　　　　　　　　　問題討論 6-2

　　請指出你所屬公司目前的人力資源優勢。

	管理	監督	員工	整體
技術性				
非技術性				

未來的人力資源要求

　　未來的人力資源要求是根據部門或公司的事業計畫來預測，評估各部門的員工人數。做預測時，可能的耗損率、解雇所導致的缺口等，都必須考慮。在規劃人力資源優勢的需求時，應該根據經濟活動水準來做一些考量。

人力資源的要求　　　　　　　問題討論6-3

　　請根據你的策略性事業規劃，指出人力資源需求，以及招募每個幹部理想的前導時間。

年度	技術性	非技術性	其他	總計
第一年				
第二年				
第三年				
第四年				
第五年				

能耐水準

　　能耐水準是指員工爲實現組織中各種現有的和已計畫的程序所具備的能力。每個系統都需要特定能耐的管理，而定期檢討人力資源專業人員的能耐，也非常重要，因爲他們必須讓自己合乎時代，對抗環境不斷改變的挑戰。

訓練的需求

　　訓練是一個不可或缺的企業投入，針對使員工能夠有效率且有效能地完成他們目前和未來的任務。一般說來，訓練的需求是指員工應該接受哪一種外部或內部的訓練，可以針對工作特性和職務，或是對普通的員工進行培養。

能耐水準   問題討論 6-4

以下分成四級：非常滿意為 4 到非常不滿意為 0；請指出組織中特定部門／服務小組的能耐水準。

技術

技術	水準

行為

技術	水準

生產力參數

生產力參數基本上是指員工在組織的各個範圍中績效標準的比率。不同的生產力參數可以用來計算包括人力資源在內的所有資源之目標改善程度。許多組織，像是 Infosys、BPL 和 Reliance，透過人力資源損益表的機制，去測定、管理員工的生產力和人力資源資產的價值。

與現有的人力資源策略相配合

假如組織在發展新的人力資源策略之前，就已經設計出人力資源策

訓練的需求　　　　　　　問題討論 6-5

請根據下表，依技術性、非技術性及其他指出各種訓練需求：

	技術性	非技術性	其他
功能性			
發展性			
行為性			

略，那麼新的人力資源策略必須配合現有的策略。現有的策略會有發展策略期間採行各種制度的路線圖，以路線圖爲根據，視是否有需要，可以做確定、修正和新的計畫。同樣地，在完成人力資源策略時，也可以參考現在的人力資源策略。

行動二：加強策略性事業規劃的人力資源因素

第二個方法讓人力資源專業人員能夠加強人力資源的策略性範圍，並提供投入。這個方法清楚說明了如何將各種關於企業成長、增加顧客人數、增加產品種類等策略性事業規劃結合在一起，也幫助我們推論出策略性事業規劃在人力資源方面需要的是什麼——招募的種類、訓練、顧客導向的程度、技術水準，以及企業運作的種類。

生產力的參數　　　　　　　　　　問題討論 6-6

請指出生產力的參數：

參數	基準	第一年	第二年	第三年	第四年	第五年
銷售額／員工						
顧客／員工						
其他						

加強策略性事業規劃的人力資源因素　　　問題討論 6-7

- 聯合所有必須的人力優勢來面對企業
- 收集技術／能力水準和必要的訓練所累積下來的資料
- 估計應支付的薪資、獎金、保險費等
- 做出公司的累進工作量表
- 查看整體的組織文化

行動三：整合人力資源因素至主要策略中

在分析每一個策略性事業規劃的人力資源因素之後，這些因素被加以強化，且按照其重要性先後順序處理，因而成為構成人力資源策略的

主幹。

分析人力資源因素時，應仔細考慮招募、訓練、建立能耐、成長（個人或組織）、津貼、激勵、績效管理制度等因素。

人力資源策略房屋模型　　　　　圖6-4

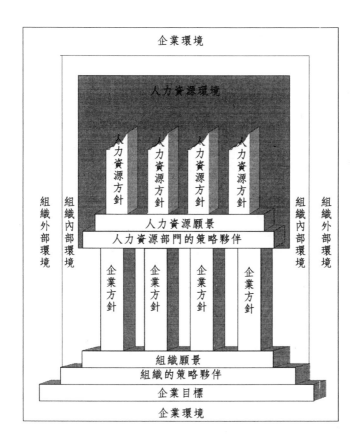

整合人力資源因素　　　　　　　　　　　問題討論 6-8

	制度	一	二	三	四	五
1	績效管理制度	←———————————————→				
2	訓練	←———————————————→				
3	潛力評估			←————————→		
4	傳承規劃				←————→	
5	津貼制度		←——————————→			

　　大部分資深的人力資源專業人員把訓練的議題結合到策略中視為他們的優先考量。對任何一個組織的訓練團隊和培養團隊來說,採用可確保訓練的主動性和特定的企業需求緊密結合之核心訓練策略相當重要。因為將訓練和策略連結起來,和部門經理合作執行策略,也會耗費資深人力資源主管的注意力。因此,讓訓練策略和企業策略互相配合,也意味著尋求和管理需求接觸的新方法。

　　現在,我們已經接近發展人力資源方針程序的尾聲。這個程序描述了將策略性事業規劃人力資源部分和組織的人力資源部分整合在一起的重要性,在發展人力資源策略架構的程序中,這就像是連接人力資源和企業程序的環節,因此,我們在房屋模型的架構上就可以多加一層上去。

　　現在,我們已經進入豎立人力資源方針的樑柱階段,它們必須根據組織要求所界定的目標構成需要的外形。

連接人力資源的各個因素　　　　　　　圖 6-3

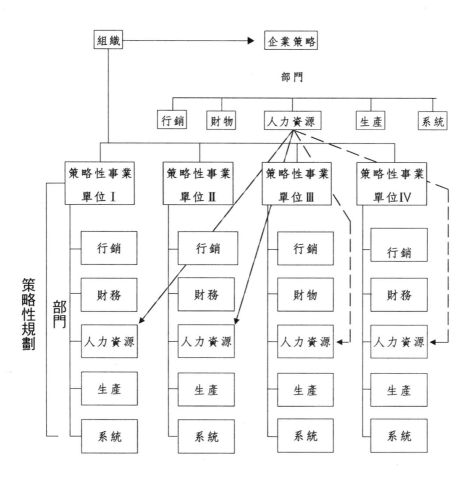

ABC 的策略   專欄 6-6

　　ABC 教育發展公司副總裁，柯恩（Steve Kirn），如
是說：「我們已經努力將所有訓練和教育的創辦精神和西
爾斯（Sears）的長期策略相結合，儘管還是剩下許多在性
質上真正屬於戰略的部分。舉例來說，『策略』真的讓技
師知道安裝避震器的適當程序嗎？如果這是你的車，當然
策略確實可以讓我們的技師知道如何安裝避震器。像我們
公司這種企業，標榜著『零售就是注意小細節』，我們在
顧客服務中許多細微的工作有一致的執行動作，加上熟
練、知識性的勞動力創造，很明顯地，這就是我們策略的
組成零件。我們所有的訓練經費已經投入於目標為如何支
援『購物、工作、投資的輔導工作』的背景之中。」

摘要

- 檢討其他單位的策略性事業規劃很重要，不是只有偶爾看
  看，而是要不間斷地檢討。這應該是一個過程，而非結
  果。

- 要創造正確的市場定位必須持續發展策略性方案的程序，
  充分開發人力資源的潛能，定期評估與再評估各個方案，
  最後選擇最好的方案。

- 談論未與策略性事業規劃連接的人力資源議題是沒有用
  的。在規劃企業集團的策略性事業規劃時，診斷、定義
  和強化 所有的人力資源議題，並整合至主要的人力資源策
  略很重要。

		人力資源策略：變革的架構 步驟程序圖	

第一部份 總論		人力資源策略新興的局面	第一章
		人力資源策略的發展	第二章
第二部分 架構	第一步驟	建立人力資源願景	第三章
	第二步驟	掃瞄環境	第四章
	第三步驟	稽核自身的能耐和資源	第五章
	第四步驟	檢視其他的策略性事業規劃	第六章
	第五步驟	定義個別方針	第七章
	第六步驟	整合行動計畫	第八章
第三部分 變革的程序		變革的架構	第九章
		人力資源策略的重新調整	第十章

7

步驟五：定義個別方針

目標

- ●人力資源目標為何？這些目標如何達成人力資源願景
- ●如何界定人力資源目標
- ●如何整合透過各種程序發展的目標

▼◀▲▼◀▲▼◀▲▼◀▲▼◀▲▼◀▲▼◀▲▼◀▲▼◀▲▼◀▲

　　一位小組成員指出：「每次我們進行人力資源聚會時，總是討論如何做、從哪裡著手、做些什麼？我們何不做些組織範圍以外的事情？」他接著又說：「我們可以做些有利社會的事情。」於是大家找出一個範圍──如何對城市的交通管理有所貢獻。基於配合市政府、交通局和警政署，許多創意方案被提出來。有了國家最顯赫的產業集團的支持，小組成員找出很多解決辦法。最後，小組長做了一個很客氣的陳述：「我們的目標是要幫助官方管理交通，而不是由我們自己來執行官方的任務。」

▼◀▲▼◀▲▼◀▲▼◀▲▼◀▲▼◀▲▼◀▲▼◀▲▼◀▲▼◀▲

目標：欲達成的標的

　　某個寒冷的星期一早晨，當我要前往機場的安全檢查時，一個友善的微笑向我致意：「早安！女士。」當時我正在趕時間，於是想試著擺脫這位方才隨我通過檢查站，想要幫我拿行李的人。這時，機場傳來大聲清楚的廣播：「所有已經通過安全檢查的乘客請登機。」我轉過身去，草率地謝謝這位先生，沒想太多就急急忙忙地過了安全檢查站。走進機艙時，我陷入沈思。對我來說，接下來幾天將是嚴苛又令人精疲力盡的日子。我要在新德里的一場國家討論會中，進行有關我們公司實行人力資源最佳方法的重要報告。當我舒服地坐在靠窗的位子上時，我正在為那個人的想法感到好奇，當時如果沒有廣播通知的話，我可能就無法坐上飛機了。這時一位打扮俐落的空中小姐走到我身旁，要求我繫上安全帶。之後，一位同機的乘客來找我，交給我一個紙袋，裡頭有我在簡報時所有需要的幻燈片和報告。我很驚訝為何他會有這些東西，雖然在我的公事包裡有備份的文件，但這些是我的下屬前一天晚上為我準備的最新資料。把資料交給我的人正是早上在候機室裡對我微笑並祝我早安的那位先生。我驚叫道：「噢！我的天啊！你怎麼有這些東西！」他回答說：「女士，我想妳早上的時候很匆忙，又帶了很多行李。妳一定是那時候掉了東西。我想要幫妳拿行李，但是妳卻走開了。我從妳手上的檔案夾知道妳要參加的會議和我要參加的是同一個，因為早上只有一班飛機到德里，我想我應該能在飛機上找到妳。我叫拉格哈文（Raghavan），企業公司（Enterprise Corporation）的人力資源部總經理，很高興認識妳。」

　　上述這個可能發生在我們任何人身上的小插曲，已經成為一個指標。很多人在急切地達成預定目標時犯下錯誤，忽略要達成這項任務最重要的中心部分。同樣地，組織常常也在界定人力資源目標時犯錯，這

些目標看起來似乎和組織目前的業務有所關連，但事實上卻有相當大的出入。大部分的時候，這些目標沒有考慮到長期的人力資源方向與人力資源部門和事業需求的持續變革。人力資源策略的目標必須確定，並把公司和人力資源的願景牢記在心，因為所有的程序相互連結，而且最終目標是組織的成長，所以，觀察注意成功因子很重要。波特（Michael Porter）表示，90年代的生存策略和真正的成功，除了改善員工效能和增加生產力之外，也需要團隊合作。

人力資源目標

如同我們先前所學，人力資源願景提供組織的人力資源部門一個永續的方向，藉著說明組織對其人力資源的展望，規劃人力資源策略。一旦建立長期的展望，就需要更進一步敘述實現人力資源願景的要求為何。人力資源目標是最終的產物，而人力資源部門生存和運作的目的，就是設法達成人力資源目標。

人力資源目標是必須將組織對人力資源願景的陳述轉變為具體、有形、可預見的標的。

人力資源目標代表組織實現其人力資源願景的地標。就像我們走在一條充斥著各式各樣建築物和商店的街上，一開始，我們可能不知道如何區別這些建築物，但是我們可以從建築物的構造、顏色、審美觀、材質、外觀及其他因素來加以辨認。同樣地，我們也可以從，性質、目的、時間架構及其他可測的因素來區分不同的目標。人力資源目標強調下列的議題：

- 用於測量預期願景的進展之指南
- 人力資源部門想要達到的狀況或條件
- 要達成的最終結果

　　人力資源部門追求各種不同的目標，譬如顧客至上和員工第一、能耐的建構、開放的溝通、高度授權、良好的人力資源管理等等。人力資源目標會隨著不同的組織而有所改變，舉例來說，當 SAIL 經歷轉型時，其人力資源目標是把訓練的責任從訓練部門轉到直線經理人和總部的身上，發展技能，改變工作態度，而不是只有傳授員工知識。

　　下面列舉了建立人力資源目標的潛在範圍：

- 內部顧客服務
- 能耐的建立
- 組織發展
- 組織結構
- 生產力提升
- 群體發展
- 管理變革
- 加強溝通
- 有助益的環境

為什麼要人力資源目標

　　我們無法看見它們，無法摸到它們、品嚐它們、聞到或聽到它們。我們可能正藉由它們工作著，也可能還未領悟到它們的需求。如果非要找出一個理由來解釋為什麼需要人力資源目標，或許是因為每一個程

考慮帳面盈虧的人力資源重整　　　　　　　專欄7-1

　　一家金融服務公司要對其業務部門及服務部門進行徹底的重整，尤其是日益龐大的人力資源部門。該組織只在少數地方有影響力，產品重心狹窄，但是卻以大大集權於人力資源部門的方式運作。組織有獲利，也成長良好，但是卻決定採取鬆散的架構，還修改了授權的方式。在一個月的動盪重整之後，最高執行長把整個中央人力資源部門棄之不用，所有人力資源的事務都收歸公司的營運階層來處理。這是為了公司的多角化經營，增加其他像銀行、保險等業務做準備。

序，無論是業務程序或是和人事有關的程序，除非已經達成最終的結果，否則都是不可界定的。就像是一個盲人拿著枴杖漫無目的在街上遊走，如果他知道最後的終點站，他就會知道去那裡大約要花多少時間，要怎麼去。人力資源目標就是這些想要達成與界定來達成最終人力資源願景的活動結果，它們有以下幾個優點：

- 為達成人力資源部門的績效提供準則
- 幫助組織與環境連結
- 提供做決策的平台
- 提供人力資源願景發展的明確基礎
- 幫忙界定組織想要達成的標的
- 是人力資源程序互相連接的基礎
- 促進人力資源行動計畫的確立，幫忙界定所需的人力資源系統

密切配合企業目標　　　　　　　　　　　專欄 7-2

　　公司已經利用人力資源的介入來達成組織的企業目標。各種人力資源功能，譬如人力的取得、人力的發展、人力的津貼，都已經調整到符合公司的計畫。他們相信，除非人力資源的介入和企業目標密切配合，否則他們的各種執行方法都不能發揮效用。他們先從界定公司的主要目標開始著手，然後提供發展合適的人力資源計畫的準則。

（改寫自：Gupta，1998 年：第 80 頁）

組織的人力資源目標從各種先前提到的因素而來，包含以下幾項：

- 掃描環境
- 內部組織分析
- 資源稽核
- 其他的策略性事業規劃

　　人力資源目標旨在領導與激勵員工去達成企業目標，而遠程目標明確指出組織的人力資源願景應該達成的結果，時間通常會超出目前的財務年度。

界定人力資源目標的程序

　　要從業務和管理的觀點去瞭解和界定人力資源目標，必須對人力資源功能在運作上複雜和精密的技術有全面性的瞭解。事實上，目標的界

人力資源活動與企業目標：連結關係　　　　專欄 7-3

　　人力資源部門的角色是要達成企業目標，所以人力資源活動必須連結到公司的使命和目標，否則一切都會徒勞無功。人力資源活動除了直接連結到公司的企業目標和使命之外，同時也提供了投入和回饋的機制，使公司不斷重新界定的使命和目標可以符合內部和外部都持續變化的環境。以印度航空為例，他們的人力資源部門擬定的行動計畫包括優先權評估的程序、人力資源活動的標竿管理，以及對有經驗的人力之評量和留任的措施，以預防人員出走的威脅等等，這些已實施的計畫已經賺取豐富的股利，印度航空也更加努力擴展營利，享有開放的市場環境中持續的成長。

（改寫自：Gupta，1998 年：第 63-64 頁）

定不應該只支持人力資源功能，也要支持組織願景，因為目標的執行績效會直接影響到組織的生存和成功。理想上，人力資源目標應該和組織文化一致，並且應該：

- 讓人力資源部門的優勢配合現有的機會
- 將人力資源部門面對的威脅降至最低
- 消除人力資源部門的弱點

　　界定目標是實現人力資源願景的規劃，成功的轉捩點，是一門將人力資源願景中直接出現的構成要素合併在一起的藝術，也是一門將這些要素與其他從聚焦於人力面向、掃瞄環境、能耐與資源稽核方面的策略性事業規劃而來的投入加以整合的藝術。

　　在許多疾病中，症狀持續的時間和強度，就是由好幾個變數所組成的函數，這些變數包括年紀和病人的健康狀況、醫生的能力、藥物或疾病的性質。治療病患的過程中，有時候必須注意全部變數，有時候可能只需要注意幾個變數即可。人力資源目標的情況也很類似。就不斷變化的環境情勢、不同的資源和各種事業計畫來看，目標的種類是想要的變革之因素。

　　在某些案例中，病人是年紀很小的幼童，這時抗生素的強度就要用得比成人低。同樣地，年輕組織中的人力資源目標會比成熟的組織更具發展能力。在某些產業，產品改變的速度和眨眼一樣快，製造商發現，要趕上技術進步的速度頗為困難。康柏電腦（Compaq）、IBM、Wipro和惠普（Hewlett Packard）等公司已經把他們的焦點從硬體轉到軟體的領域，因此，技術發展也從硬體轉到軟體。

　　任何可以在組織中正確地界定和規劃人力資源目標的人力資源專業人員，較有希望利用人力資源的機會，否則人力資源仍將無用武之地。

　　界定目標的程序包含四個行動：

　　行動一：將掃描環境、稽核和策略性事業規劃的目標加以合併
　　行動二：定義能夠實現人力資源願景的關鍵因素
　　行動三：運用關鍵因素來界定人力資源方針
　　行動四：整合個別方針

行動一：將掃描環境、稽核和策略性事業規劃的目標加以合併

　　掃描環境可以對組織內部和外部的環境做評估；讓組織透過人力資源程序把環境引起的挑戰轉變為競爭力。掃描環境也會讓組織看到和人力資源議題有關的機會和威脅。組織必須決定出關鍵因素，且必須在掃

流程圖 圖 7-1

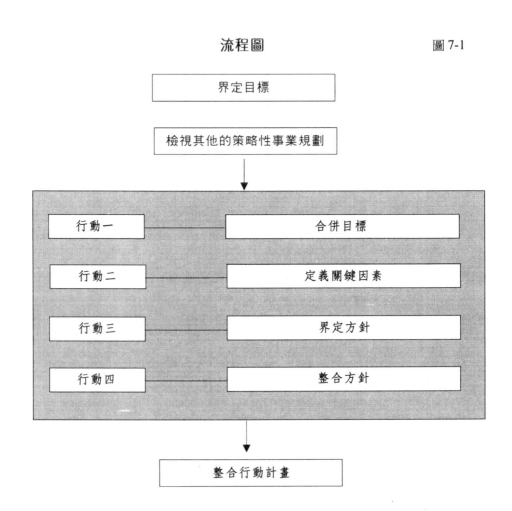

描環境時同時進行。我們已在第四章描述過這個程序的細節。

環境掃描提供目前正在營運的組織對於內部及外部環境的洞察力。在此,我們考慮的是人力資源環境,而非一般商業程序的環境。各種工具和方法在第四章已經描述過了,這些工具的應用使我們對於環境如何影響人力資源策略有具體的結論。掃描環境可以指出需要的策略性變革

之範圍——譬如人員的留任、人力資源方面的技術更新、增加人力資源的成本、增加員工需求量、改變因為品質控制程序所導致的工作文化等。組織必須決定優先處理的主要範圍，安排其後續行動。譬如，組織可以選擇減少員工的成本為優先目標。一旦優先目標確認後，導致人力資源經費減少的適當方針和目標就能定義出來。減少員工成本可以透過幾種方法來達成，例如提高員工的生產力、組織瘦身、工作輪調或提供多重技術的訓練。在組織詳細的行動計畫裡，必須描述組織如何規劃，以有效地重新建構人力資源運作中有關的部分。若組織評估環境之後，瞭解到知識管理是重要議題，接下來就必須採取行動，以確保能夠獲得、留存、整理這些知識和技能。一些大型的顧問公司，像安德森顧問公司（Anderson Counselling）和恩揚顧問公司（Ernst & Young），已經發展出一套精心設計的方法來整理儲存及重複使用的系統。

　　能耐和資源的稽核是人力資源願景建構目標時的重要投入。除此之外，規劃也是同樣重要。然而，執行計畫的方法才是最為關鍵。企業方針和目標是以人力資源專業人員可以管理的方式規劃出來，組織資源也允許這些程序。第五章詳細描述了一些管理能耐和資源的才才能，並且說明它們如何影響人力資源策略。

　　組織中人力資源專業人員的水準，以及為實現各種人力資源程序所收集的實質資源，會決定人力資源的運作施行的範圍。為了有效管理每一個程序，組織需要適合的人力資源專家。舉例來說，想成為市場導向的公司，組織必須有堅實的行銷人員。同樣地，要成為技術導向的公司，就必須有精通技術的員工。見多識廣機警靈活的人力資源專業人員有助於公司策略的轉變。

　　在界定人力資源策略及規劃其目標時，組織需要評估本身的人力資源專業人員及其能耐。

　　當組織有一個以上的事業單位存在，或是組織限定每一個部門都要獨立運作時，就有可能每個部門有不同的策略性事業規劃。第六章詳細

將環境掃描、稽核和策略性事業規劃的目標加以合併

問題討論 7-1

- 什麼是將環境掃描、稽核和策略性事業規劃加以合併後想要達成的目標？
- 什麼是組織所需的一般關鍵性目標？
- 人力資源專業人員擁有何種水準的能耐？
- 他們可以管理所預想到的變革程序嗎？
- 他們現在必須建立哪些能耐？
- 他們有持續注意發生在市場上有關人力資源的最新消息嗎？
- 什麼是必須立即考慮及未來要持續注意的關鍵性環境衝擊？

說明了整合不同策略性事業規劃的人力資源構面，只有透過整合不同的策略性事業規劃，才能發展出具有一致性的策略。

在看所有的策略性事業規劃時，我們會發現，每一個策略性事業規劃都談到本身對人力資源程序的特別需求。這個整合的程序讓所有程序都能與組織的需求一致。

策略性事業規劃會界定各種人力資源構面，以滿足特定事業單位的意圖。然而，組織的願景和策略性事業規劃的人力資源部分必須配合，因此，某些符合組織和事業單位要求的關鍵因素也應該要列入考慮。譬如說：

- 在評估外部環境之後，保留優秀人才可能就會變成欲達

成的目標。

- 在評估外部環境之後，將技術的提升配合到人力資源程序中，也可已訂爲想達成的目標。
- 增加員工生產力有時候是一種策略性事業規劃的投入。
- 適當的人力資源系統可能會從策略性事業規劃中浮現，變成欲達成的目標。
- 人力資源部門的內部顧客滿意度可以加以改善。

行動二：定義能夠實現人力資源願景的關鍵因素

人力資源願景是一種對於未來廣泛的陳述，強調組織長期想要達成的目標。它在本質上必須實際，但是也要適合目前的營運方式。基本上，人力資源願景應該集中在「人」的程序上。我們已經在第二章仔細研討過人力資源願景，以及如何發展人力資源願景。

爲了使人力資源願景成眞，組織必須實現人力資源目標所鎖定的具體任務。然而，在定義個別方針前，所有引領人力願景實現的關鍵因素必須先仔細檢視。我們建議在分析前，先無一遺漏地把關鍵因素列出來。你必須列出所有能夠確認的關鍵因素，大約有二十個。根據行動一，我們可以先準備以優先順序和目前需要爲基礎的清單。在這個清單中，我們可以根據重要性的高低，從5分到0分給予評量，分數的高低和該項關鍵因素對人力資源願景之相關重要性成正比。藉由討論這些關鍵因素及凝聚團隊的共識，可以分配適當的重要性到人力資源願景上。這些因素會成爲人力資源策略運作時的焦點。

舉例來說，如果組織的人力資源願景是準備讓員工達到世界級的產品和服務，實現人力資源願景的關鍵性因素有可能是：

- 能耐水準

定義能夠實現人力資源願景的關鍵因素

- 什麼是組織中可以引導人力資源願景成真的關鍵因素？
- 有何關鍵因素必須優先考慮？
- 確認出最重要的幾個關鍵因素，並且發展詳細的程序。

- 生產力參數
- 員工的激勵
- 員工的士氣

行動三：運用關鍵因素來界定人力資源方針

人力資源程序形成的詳細清單可以表示出和人力資源願景直接相關的關鍵因素，使界定人力資源方針較爲容易，並且使導致組織願景和行動計畫的最後結果有所根據。舉例來說：

- 提升能耐
- 改善生產力
- 較高的員工激勵
- 較高的員工士氣

個別方針的組合或合併並不能適用於所有的組織。個別方針的形式是根據人力資源功能的性質而定，人力資源目標的組合會受到前幾年的方針所影響。先前目標達成的程度會影響管理團隊的渴望成功的程度，通常被視爲目標的組合與眞正性質的決定性重點。

界定人力資源方針　　　　　　　　　問題討論 7-3

- 可以確認出何種想要的人力資源方針？
- 所有人力資源程序的完整清單已經準備好了嗎？
- 確認出的方針可以實現人力資源願景嗎？
- 人力資源方針是否配合企業需要？

　　或許定義人力資源方針最好的方法是質疑每一個方針「好」或「不好」。對特定組織而言並沒有特別的目標，因此，在界定目標時需要良好的判斷。決定人力資源方針是否有令人滿意的定義時，自問下列問題：「如果我們將重點放在這個目標上，能讓人力資源願景成真嗎？」如果答案是：「能」，那麼，將該目標記下來。但是做這個活動時要很小心，可能我們對每個問題的答案都是：「能」，運用你的判斷力，決定可以直接讓人力資源願景達成的優先目標為何，然後再去進行次要目標及其他重要目標。

行動四：整合個別方針

　　從人力資源願景和其他程序所浮現出來的目標，基本上要加以整合並相互連接才能達成組織最終的願景。從這裡聯合所有已發展出的目標，然後做出詳盡的清單。

聯合所有已發展出的目標，做出詳盡的清單

　　組織從和人力資源願景一致的策略性事業規劃中推衍出的個別目

人力資源策略的房屋模型　　　　　圖 7-2

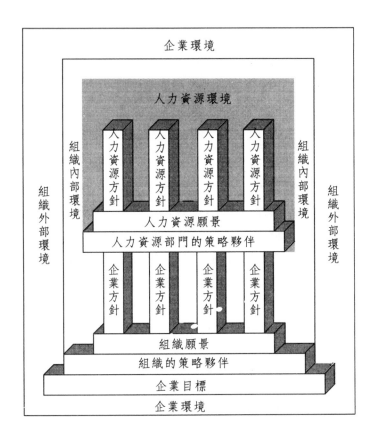

標，以及直接從人力資源願景倒出的目標必須整合在一起，這麼做會讓
人力資源方針和環境、能耐、其他部門的資源結合起來。如果每一個方
針都很普通，就在整合的程序中加以增強。

　　舉例來說，假如人力資源願景的目標是要提高員工的能耐水準，而
源自於策略性事業規劃的目標指出，透過較好的評鑑系統來加強技術的

能耐水準，這兩個目標就可以結合，變成：透過強調訓練和績效管理系統加強員工的能耐水準。

　　這時候要特別強調的是，從人力資源願景而來的目標和從策略性事業規劃而來的目標應該共同實現組織的願景，和人力資源願景或組織願景完全不一致的目標應該不予考慮。日立（Amtrex Hitachi Appliance Ltd.），一個提供空調設備的公司，它的人力資源願景和組織願景相合的目標之一，是在評估員工績效方面採用360度的績效評鑑系統。這個目標不僅採用目前流行的績效評估系統中較高級的系統，而且驅策員工付出他們的最大努力，並且實現公司所致力的最高度的顧客導向。由此，我們可以知道績效評估系統和公司希望的顧客導向有高度的一致性。

整合個別方針　　　　　　　　　　　　　　問題討論 7-4

- 所有的人力資源方針都已經整合完整的清單了嗎？
- 人力資源方針直接指向人力資源願景嗎？
- 從所有資料而來的人力資源方針是否已經被視為整體的方法？

排出優先順序，選擇適當的方針

　　在人力資源願景、策略性事業規劃、環境和資源稽核的基礎上，工作團隊應該仔細討論人力資源方針，然後，根據組織未來幾年的關鍵因

素，從清單中排出優先順序。

因此，人力資源方針基本上是由結合公司願景與策略性事業規劃、環境以及能耐水準的評估等因素而來的相關投入所導出。這種重要的發展運用，形成了發展後續行動計畫的基礎。

五個步驟都完成了。我們建立起漂亮的結構，人力資源策略的發展程序也接近完整。我們向最後，也是最關鍵的人力資源策略發展——整合行動計畫邁進。

摘要

- 人力資源方針代表組織實現人力資源願景的路標，是將組織的願景陳述轉變爲特定、具體、適度的字眼時必要的標的。

- 人力資源方針的形成是發展人力資源策略時非常重要的階段之一。目標的發展程序需要由人力資源願景和組織其他策略性事業規劃的特定投入導出。

- 界定人力資源方針的程序是一個需要時時重新查看的動態程序。和其他策略性事業規劃一樣，有一些改變發生於環境、能耐、資源之中。

人力資源策略：變革的架構 步驟程序圖		

第一部份 總論		人力資源策略新興的局面	第一章
		人力資源策略的發展	第二章
第二部分　架構	第一步驟	建立人力資源願景	第三章
	第二步驟	掃瞄環境	第四章
	第三步驟	稽核自身的能耐和資源	第五章
	第四步驟	檢視其他的策略性事業規劃	第六章
	第五步驟	定義個別方針	第七章
	第六步驟	整合行動計畫	第八章
第三部分 變革的程序		變革的架構	第九章
		人力資源策略的重新調整	第十章

8

步驟六：整合行動計畫

目標

- 何謂整合行動計畫的程序
- 如何確認與連結適當的人力資源系統和
  方針
- 如何整合組織中的系統

▼◄▲▼▲▼◄▲▼◄▲▼◄▲▼◄▲◄▲

「這個主題已經完成，接下來就要接受正式的任命了。簡報資料已經備妥，而且十四位與會者中，已經有十二位表示贊同。」這是人力資源區域論壇（the Regional Forum on Human Resources）的新任總裁正在向某個重要來賓——一位顯赫的官員——在論壇的夏季研討會之前所進行的一次簡報。但是在簡報當天，當大家都在等待這位特別來賓時，一位助理走到台上悄悄地跟總裁說，這名官員傳來消息，說他無法出席。總裁感到相當震驚，這是他第一次安排這麼大的盛會。事情都準備好了，與會者已經到場，評審團也已經送出評論了，但是該名特別來賓卻無法前來。總裁不知道該怎麼辦。他下一個行動計畫會是什麼呢？他會如何應付特別來賓缺席造成的問題呢？

▼◄▲▼▲▼▲▼▲▲▼▲▼▲▲▼▲

行動計畫：通往結果的軌道

　　每個月例行的人力資源會議才剛剛開始，主席拉賈昌（Rajat Chan）坐在他的座位上。人力資源主管西達特（Siddharth）滔滔不絕地發言時，拉賈昌正在分析這個議程。「在會議開始之前，有一個問題應該每個人都思考一下。」西達特說道。大部分的成員發現，他們很難從他的臉上看出激動的神情，因為他相當冷靜且控制自己的情緒。拉賈昌問道：「什麼問題？」西達特回答：「有一天，我走過孟買廠的廠房時，有一個職員靠過來，跟我說員工對於人力資源津貼的不滿有越來越高的趨勢。我很驚訝於自己為我們是世界上對員工最友善的公司之一，我們有最好的人力資源政策，也很照顧我們的員工。」人力資源主管很驚訝於自己沒有注意到員工覺得不安，甚至需要有人偷偷告訴他可能發展出的爆炸性情況。他對於員工無情地把公司及其接近的競爭者做比較，也感到很困擾。

　　很多組織都面臨這種問題。儘管盡全力去照顧員工，總是會有感到不滿意的因素出現，通常是因為在動態的企業環境中未正確地設計規劃出行動計畫而更加惡化。最好的方法是嘗試及調整組織的人力資源制度的需求，使其配合整個企業的需求，透過界定出真的可以達成的人力資源行動計畫來加以實行。舉例來說，如果企業要求員工必須要有彈性的工作時間表，公司就應該給予員工方便。同樣地，假如公司所有層級的員工適用同一種員工旅遊規定的話，就應該一視同仁沒有分別。不要等到不滿持續增加或達到即將發生危機的程度才處理，要在不滿尚未不可收拾前就處理它。

　　行動計畫的設置是一個動態的程序，會耗費大量的時間。當不可預期的事件發生時，計畫就必須重新設計。在動態的企業環境裡，不可預期的事件通常會變成一種常態，因此，定義人力資源行動計畫就成為格

外艱難的活動。

　　想像我們正穿著一件昂貴的名牌新衣走在街上，看起來棒極了。突然間，開始下起雨來。這雨不是綿綿細雨，而是傾盆大雨，全身被雨淋得濕透了。我們立即的行動計畫可能就是趕快找個躲雨的地方，避免新衣服再受到任何傷害。

　　當我們正彎身要進入一個建築物躲雨時，有一隻看起來很兇惡的狗擋住去路，牠似乎不太喜歡我們身上的新衣服。我們可能會急忙後退，避免新衣服被牠的尖牙攻擊。這就是我們下一步行動計畫。

　　但是就在我們企圖保護自己的時候，卻撞上一位老先生，還把他撞倒在地。他倒在地上，逐漸失去意識。我們下一個行動計畫不是保護衣服，而是去救這位老先生。

　　同樣地，人力資源行動計畫需要隨著組織對人力需求的不同而改變。人力資源主管西達特，目前要面對的任務是擬定一個順應不斷變化的企業環境與員工需求的行動計畫。他必須擬定行動計畫來重振員工士氣，並策略性地使他的人力資源優勢達到業界最好的水準。他還需要一套人力資源計畫，來對抗組織文化的改變。所以，他需要的行動計畫不僅要反應現在的情況，更要對未來的事件防範未然。

　　組織最常犯的毛病之一是錯誤地建構和制訂人力資源行動計畫。他們把這個錯誤歸因於缺少界定明確的策略，沒有能力去預測未來、適應未來。大多數組織不瞭解的是，這個方法誤解了方向設定的本質，因而無法成功地應用。

　　人力資源行動計畫被當作對制度的方向設定之闡述，以及對人力資源策略規劃的整個程序之補充。基本上，行動計畫表示完成某項任務所進行的所有活動，進而讓界定明確、特定的目標得以實現。一個令人滿意的人力資源行動計畫為這些活動的方向設定提供了有效的方法。同樣地，詳盡的方向設定程序藉由計畫的具體實現，為組織找出了一個焦點。舉例來說，在IT產業中，若吸引人才是首要之務，就應該把找出達

成目標的關鍵要素建立在程序中。這麼做可以提出並制訂與其競爭者有所區隔的人力資源政策。

　　假設有一個登山探險隊，該團隊共同設計出一個行動計畫。在一個五人的團體中，若有兩人被分派去登頂，則其他三人要支援他們實現這項任務。由此，責任、時間架構和任務都清楚分配。但在本質上，還需要一般目標的細部計畫。探險隊征服山峰的策略以及帶給國家的名聲，要透過行動計畫有效能且有效率的擬定和執行來實現。

行動計畫的本質

　　最高階的管理者規劃及發展組織的人力資源目標。然而，除非有詳細的計畫，否則即使是界定清楚的目標還是無法實現。人力資源行動計畫是這個活動最重要的部份，因為它們是既定的人力資源程序中每個相關面向的細節。

　　　　人力資源行動計畫可以定義為達成人力資源目標的詳細步驟。

　　人力資源行動計畫是見仁見智的，而且負責執行的人應該對需要應用的方法完全瞭解熟悉。因此，人力資源行動計畫應該被限定在時間架構和可測性的參數中，將行動計畫的步驟分為時間架構、執行的責任和監督系統等方面。界定程序的目標很容易，但是如何達成目標的詳細計畫就是重要且困難的工作。下列各個項目是在設計人力資源行動計畫時基本上要考慮的原則。

跨部會特別小組　　　　　　　　　　　　專欄 8-1

　　組織用來解決特定問題所做的跨部會特別小組，已經
證明失敗。這個製藥界巨人旗下的員工非常疲累，因為上
百個特別小組正在運作，要解決每一個較小的危機。每個
員工都是二到三個特別小組的成員，他們大部分有生產力
時間都投注在規劃活動的議程和會議上，使得原本在組織
中的工作被擺到較次要的位置。這些跨部會特別小組耗費
時間、昂貴且不具生產力，因此是否可行還是個未知數。

可行性

　　每一個人力資源行動計畫的界定都應該在一定程度上確保其實現目標的可行性。舉例來說，假設人力資源專業人員計畫在一年的期間內達成對組織聘用的五千名員工執行開放式評鑑系統，如果沒有任何一個員工熟悉這個概念的話，他可能無法成功。

明確性

　　人力資源行動計畫中所述的活動在本質上必須明確。在這裡，明確的意思是行動計畫應該和所界定的目標有相互關係。行動計畫應該是非常廣泛的，也就是說，所有的人力資源行動計畫總合起來應該等於全部的人力資源目標。而我們已經注意到，在為既定目標做行動計畫時，要和結果一致非常困難。

可測性

　　除非行動計畫的可測性被清楚地定義，否則沒有哪些結果會有關聯性。這裡的可測性是指，每一個人力資源行動計畫的最終結果有看得到且感受得到的質與量之參數。可測性是人力資源行動計畫實現程度的指標，也幫助判斷時間以及人力資源行動計畫是否符合原先計畫的可測性。一般最常發生的情況是，組織只設立標準，但是測量的目標卻違反這個標準，而且只用文件證明結果。大部分的人力資源專家對於界定本身人力資源功能的可測性有困難，這也是人力資源功能一般說來不明顯的原因之一。這些和其他的「人的效果」（people results）可以用各種方法清楚表達、量化與評估，就像事業計畫用可衡量的字眼來描述他們希望達成的企業目標之方法。人力資源策略的行動計畫可以用可衡量的字眼來描述，像是：

- 明年的員工滿意度可達到 4 分
- 我們的員工會有業界中最高的生產力

實用性

　　人力資源行動計畫只有在具實用性的情況下才會成功。一般而言，以人力資源程序為根據的行動計畫，有已論證且有研究支持的人類行為作為基礎。然而，某些程序是根據自我學習和需求而來。會有這種情形發生是因為未把組織可能在某些不確定性的情況中做出錯誤計畫的影響具體化。譬如，當我們進行變革時，談到在組織裡裝腔作勢的態度會阻擾變革的程序。為了改變員工的態度，需要較長的時間範圍。以西爾斯（Sears）為例，領導者曾經要提供顧客價值，但這個提議直到 1980 年代，當公司開始面對來勢洶洶的特製品商店時才成功。公司的銷售量開

人員的留任　　　　　　　　　　　　　　　　專欄 8-2

　　一個軟體公司知道，留住優秀的人才是軟體業極為重要的議題。根據這個已知的事實，公司訂定的政策是人力資源管理者所想出的最新分離策略，透過離職面談的過程來分析員工離開公司的理由。經過一段時間，這成為組織裡的一個慣例，但是再過一段時間後要離職的員工開始表現出厭惡必須接受這種離職面談。贊成離職面談的人建議由董事長來進行面談，但員工開始覺得離職面談沒有用，因為公司並沒有對離職員工提出的建議、理由和關心採取任何行動，也沒有和其他員工溝通這些問題。人力資源團隊分析這個離職面談程序無法產生效用的原因，但是他們的發現卻未被高階的管理階層所承認。

始輸給威名百貨（Wal-Mart）、Target 和 U-Mart。面對這樣的壓力，西爾斯開始採用「每日低價」（everyday low price）的策略。該策略唯一的問題是，西爾斯顯然忘了致命的一點，就是採用低價策略時，成本也必須和價格一樣低才行。西爾斯開始裁撤幾千名店內員工，並減少營運費用。但是根據以勉強的方法來經營的歷史，員工不會自動接受這些改變，而且，在西爾斯的計畫達成之前，它將要面對好幾年艱苦的情況。

時效性

　　人力資源行動計畫是一個連續的程序，通常會有時間限制，時間的間距可以從一個星期到一年不等。當人力資源行動計畫相互關連且相互

流程圖　　　　　　　　　　　　　　　　　圖8-1

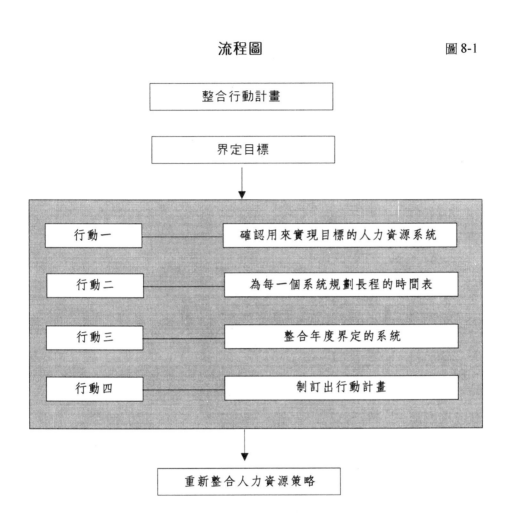

依賴時，一個任務的完成可能是下一個任務的起點。因為人力資源行動計畫根據人力資源方針而來，人力資源方針本身就是在特定時間架構裡形成的概念。

人力資源行動計畫完成時為了達到目標、完成規劃中的成長等等，

人力資源部門開始競爭有限的資源。幾個部門可能同時需要人力資源的服務，需要一個新的電腦程式或要求其他部門的支持。這所有的活動都有時間性和預算限制，而用組織內的每一個人力資源活動來分配計畫中的資源是絕對必要的，無論是對計畫本身或相關部門皆然。因為資源的限制，大部分他們所做的努力都會遇到問題。通常這些問題會用到比預期還久的時間；有時候會減損士氣；而且通常會耗費很多管理上的時間。這些都會導致人力資源目標的計畫無法達成。

界定行動計畫的程序

當差異分析完成之後，應該授權給組織中不同功能的單位，每一個單位都應該發展包含預算和具體執行時間表的詳細行動計畫，通常應該要有財務計畫、產品計畫、行銷計畫、人力資源計畫等等。譬如，在人力資源計畫裡，現在和未來所需要的人事管理、監督、技術、產品和行政等方面，人才的水準可以在計畫的時間內發展出來。這樣的計畫也會把員工流動率、人員的需求、招募和訓練計畫、成本都列入考慮。

由人力資源目標而來的人力資源計畫應該整合到最低層級的營運上。

界定人力資源行動計畫的程序包含四個步驟：

行動一：確認用來實現目標人力資源系統

行動二：為每一個系統規劃長程的時間表

行動三：整合為該年度界定的系統

行動四：詳細制定每一個系統的行動計畫

確認可以用來實現目標的人力資源系統

下列系統建設得如何？請指出來。

序號	系統	未建設	建設中	特別建設
1	月曆			
2	人力規劃			
3	招募和遴選			
4	就職			
5	生涯規劃			
6	訓練及培養			
7	晉升			
8	評鑑			
9	接手人規劃			
10	輔導			
11	人際關係			
12	諮詢			
13	學習機會			
14	獎賞系統			
15	勞工福利			
16	小組活動			
17	團對工作			
18	個人成長			
19	調查研究			
20	組織的自我更新			
21	檢討與回饋			

行動一：確認用來實現目標人力資源系統

在組織的人力資源目標確認之後，就必須列出從這些目標延伸出去的人力資源程序。我們需要的基本認知是，構成要素為孤立的，然後會集中焦點於最終的結果。組織必須確認目標的重要成分，思考朝這些要素邁進的各種制度，清楚瞭解何者重要。在許多組織中，人力資源專家很少會試圖用已經定義清楚的目標來確認或討論人力資源系統。

舉例來說，若構成要素是要提高個人的能耐，則可以透過個人或組織的發展、訓練、諮詢、在職訓練、工作輪調、評鑑和檢討來達成。如果已界定的目標是系統性的訓練和發展活動，那麼訓練政策就會設計成能實現目標的人力資源系統。同樣地，客觀的績效管理系統是否達成，也需要使用完善的文件證明和開放式評鑑系統。

人力資源系統中，人力資源專家界定的人力資源目標是成功的關鍵。對大部分的人力資源目標來說，目標的重要性比程序高。為了達到這個結果，他們界定目標，但是卻未確認是否有明確的系統可以達成。以麥當勞（McDonald`s Corporation）為例，其他組織的目標是把退休金減到最少，並且保留人才，因此他們的人才就不會替其他競爭者工作。麥當勞卻發展一套招募系統，稱為「退休」，大部分已退休或年長的員工透過「退休」招募進來。年長的員工給予彈性時間表來工作，這些先前退休的員工每星期的工作時數少於領取社會安全福利金的固定時數，才不會使他們無法領取社會安全的津貼。雇主不需付健康津貼和退休金給這些年長的員工。這個制度的結果是，常常因為不滿就走人的員工稱職地為麥當勞工作，沒有為其競爭者工作。這個策略扮演了一個關鍵的角色，使麥當勞在餐廳的競爭上，較其競爭者有更大的優勢。

為了確認人力資源系統，我們需要瞭解目標的經濟情況。舉例來說，一個組織也許花了數以萬計的盧比（印度的貨幣單位）在執行人力整合的人力資源資訊系統，因為它瞭解到，為了要成為一家技術通曉公

司，它需要一個有競爭力的資訊科技訓練系統。許多人力資源專家誤以為公司的人力資源系統或是公司現在的水準足以達成所希望的策略，但是人力資源系統的成功，關鍵在於可以正確地辨識出實現人力資源目標所需的人力資源系統。

行動二：爲每一個系統規劃長程的時間表

評估每一個人力資源系統執行上的變數。根據人力資源策略的時間架構和產業中各種系統預期的改變，把系統分成數個可達成的時間架構。記住，把系統的完成程度對照時間變數畫成圖表。舉例來說，在目前流行的人力資源管理產業裡，績效管理系統中最有效的是360度評鑑系統（360-degree appraisal system）。但是，除非員工的成熟度已經達到有能力檢討自己的績效，並且利用最終要採取的修正行動來指出自己的毛病，否則這個系統的執行將會面臨失敗的命運。目前盛行的各種人力資源運用和系統，需要做定期的評估，才能夠知道改變和創新的最大成效爲何。

若有人力資源系統的話，評估該系統目前的等級爲何。根據企業需求和達成目標陳述中所需的技術層次，確認系統的等級，實際應用並盡可能地去執行。員工對系統的能耐和成熟度是必須列入考量的最後一項因素，譬如，假設公司目前的環境鼓勵開放和溝通，那麼，就目標的達成和評估而言，開放式評鑑系統對高級主管及其下屬會比較理想。同樣地，對一個以財政考量及公司盈虧來促成個人成長的非專業性組織來說，若採用根據產業改變而設定的整合性酬賞系統將會失敗。

讓我們看個範例。根據360度評鑑系統，假設策略的時間架構爲五年，一家準備使用封閉評鑑的公司，會企圖爲其第一年的單方面評鑑引進一些參數作爲檢討之用。第二年的時候，評鑑的範圍就可以擴充到根據評鑑者和被評鑑者的相互討論。需要評鑑的因素數目會隨著表示整體

為每個系統規劃長程的時間表　　　　問題討論 8-2

- 組織目前的系統等級為何？
- 哪一種系統是你所屬的組織在未來要規劃的？
- 以時間為區段，畫出系統和時間的對應關係。

　　請指出（用箭號）下表中，你所屬的部門在何種時間結構會做以下活動：

	年度				
	一	二	三	四	五
組織結構 ●組織結構 ●人力資源規劃及招募系統					
職涯成長 ●潛能評鑑系統 ●職涯及接手人規劃系統 ●晉升系統					
工作規劃 ●角色分析系統 ●工作評估系統 ●績效評鑑系統					
培養 ●訓練系統 ●績效諮詢系統					

自我更新 ● 角色效力系統 ● 組織發展系統					
獎賞及表揚 ● 報酬／薪資系統 ● 利潤和福利系統 ● 表揚系統					
溝通 ● 內部溝通系統 ● 員工回饋系統					
團隊方法 ● 團隊管理系統					

績效的強化因素增加。

行動三：整合為該年度界定的系統

　　選擇並整合所有和該年度制定的系統相關的部分。舉例來說，假如某年度的重點是績效管理系統和訓練系統，那麼，兩者都需要被整合到該年度的系統裡。

　　我們靠自己和公司來整合系統，而不是讓臆測妨礙工作。我們加進

整合為該年度界定的系統　　　　　　　問題討論 8-3

- 該年度要執行的一般人力資源系統為何？
- 次系統是否也已界定？
- 畫出此系統在該年度的累積圖表。

整合性計畫，而非只根據需要的部分丟進一些東西，這也是一個具前瞻性的方法。我們可以由此看到各個面向，也學會如何配置自己的系統，使系統既適合又有意義。同樣重要的是，系統也會顯示我們所需要的努力程度。現在，讓我們更仔細地看如何才能達成以上所述的情況。人力資源策略如果是適得其所的話，那一定是將不同的系統分配到不同的狀態。現在，假設我們所屬的組織已經採用90度的績效評鑑系統，而組織的人力資源策略計畫在第一年實施180度的績效評鑑系統，之後在第二年要實施270度的績效評鑑系統。也決定在第三年要繼續使用270度的績效評鑑系統藉以強化系統，並且於第四年時，在管理階層導入360度的績效評鑑系統，最後，在第五年把範圍延伸至所有的員工。因此，我們每年都有合適的績效管理系統。同樣地，根據組織目前所處的階段，在策略上我們決定第一年採用適合一般階級水準的酬賞系統，並且在第二年擴展組織的酬賞系統到產業標竿的水準。接著，我們決定在第三年時導入以績效為評估基礎的酬賞系統，在第四年使酬賞系統全面性地根據市場趨勢、通貨膨脹和產業標準。在第五年時，酬賞擴展到員工認股權。因此，各種不同的人力資源系統可以被設定到每一年度裡。由此可知，為某一特定年度整合所有系統成為全面性的行動計畫非常重要。在以上範例中，第一年的整合行動計畫是根據一般的酬賞系統來執行180度的績效評鑑系統。

　　這會與其它所有要執行的人力資源系統共同作為第一年行動計畫的一部份，而用於每一年度的工具也因此可以使用在策略的年度架構或時間架構上。若公司每年集中焦點在某一個範圍，可以策略性地使用其中一個工具或結合兩個以上的工具。在某一年度中把不同的工具變更使用或合併使用，可以得到一個整體的策略。

行動四：詳細制定每一個系統的行動計畫

　　策略的目的很清楚——就是要制訂及執行行動計畫，為組織創造更高的價值和優越性。但是真正在界定行動計畫時，事情卻變得模糊起來。在員工流動率高的易變性組織中，要預測某個特定計畫最終會如何影響組織相當困難。人力資源專家花費很多時間來建構他們的行動計畫、委派責任，並設計出評估方式，評估要做什麼，從哪裡做起。不同的人力資源管理者的經驗互異，因此會有不同的計畫。當我們身為人力資源專家時，行動計畫的細節必須完全靠自己決定，包括：如何察覺組織人力資源活動的狀態、如何預測行動計畫的實現，以及考量的衡量指標是什麼。

　　讓我們走一趟界定行動計畫的旅程。首先，把每一個系統拆散成詳細可達成的活動，藉著問為什麼需要它，來評估每一個系統。如果我們沒有得到答案，就刪掉這個活動。一旦我們有了詳細的行動計畫，接著，決定每一個活動的時間架構，包括什麼時候要開始這個計畫，以及什麼時候完成。在此之後，為每一個活動分配責任，以確保活動可以達成。同時，也為每一個行動計畫決定衡量指標。舉例來說，假設公司要提供訓練，就要確定哪些員工需要接受訓練，要採取什麼方法，什麼時候開始進行。組織除了提供訓練，之後，也必須持續改善員工的能力。第一線的監督者和中間主管不僅必須學習該部門的知識和技能，同時也要學習組織的價值觀、經營管理和領導能力。

表 8-1

行動計畫

行動計畫	事件（What）	對象（Who）	原因（Why）	做法（How）	時間（When）	指標
負責個人績效評估與發展	為個人績效的改善提供評估與訓練	組織中的每一份子和最適合的團對來促進合作發展	為了員工和公司的利益培養最重要的資源——人員	在績效管理、人員改善和團隊建立上，提供課程和研討會	在三月開始，並持續努力下去	課程的全面評估；對個人績效可測量的影響

界定行動計畫　　　　　　　　　　　　　　　　問題討論 8-4

- 已界定的系統其內之活動為何？
- 這些活動可否達成？
- 這些活動的目的為何？
- 為達成人力資源行動計畫，其明確的時間架構為何？
- 為達成人力資源行動計畫，需要哪些資源？

表 8-1 可以用來定義組織的行動計畫。

整合

　　當人力資源策略成為組織存活的方法時，整合是最後的階段。完成行動計畫之後，將其連結到不同的層級，訓練人員去負責自己的行動計畫，並有效地完成。總而言之，人力資源策略不再是個貿然插入的東西；它現在是企業策略的一部份。因此，很明顯的，成功策略的基本元素就是資源、能耐、市場、機會、組織結構、文化、環境、創新、技術、程序、決策和行動的有效整合。人力資源行動計畫的整合就是把所有可以清楚得知整體的計畫如何運作，以及潛在問題為何的片段集合在一起。一旦人力資源行動計畫確定之後，每一個行動計畫都必須對照人力資源願景做確認，決定這個計畫的行動和方向是否和人力資源部門想要的方向一致。每一個已經發展的行動計畫必須被組織內其他部門和所有的人力資源部門瞭解和同意。對任何一個部門而言，企業環境中的每一個目標設定都需要財務支持和其他具體資源。根據目標，組織的經費

```
整合                                    問題討論 8-5

    ● 績效的衡量是否精確？

    ● 績效的衡量對組織來說重要嗎？

    ● 資料的可得性為何？

    ● 資料的收集是否在團隊的控制之下？

    ● 是否具時效性？

    ● 進行衡量所得到的利益是否有執行衡量的價值？

    ● 每一個主要成果的區塊中是否有一套均衡的衡量措施？

    ● 績效的衡量對組織裡的人員有意義嗎？
```

必須做持續的規劃，而經費的形式為每個部門和組織的年度預算。

在發展行動計畫之後，最有效的整合方法是透過串連的程序。串連的程序牽涉到人力資源行動計畫和員工活動之間的連結，甚至向下延伸到最低層級。管理可以有效地將策略性的體制程序串聯到組織裡，而大部分的整合可以透過預算的程序來進行，後續的重點在於員工的績效評估。舉例來說，一個從事天然瓦斯零售的公司，採用向下延伸至員工活動最底層的行動計畫整合程序。從策略性企業規劃設定的預算可以作為界定員工活動的基礎。編列預算的活動透過績效規劃的機制，轉變為員工的主要成果，所以，假如2000~2001年度的人力資源行動計畫是設定組織的酬賞策略，編列預算的活動之一就是規劃酬賞策略，並且記錄在人力資源專家想要的績效規劃裡——「設定及規劃2000~2001年度的酬賞策略」——再配合適合的主要績效評估。這就是整合好的程序。

主要的個人績效評估允許管理階層衡量每一個界定好的活動區塊中之個人績效和組織績效。每個活動區塊都有幾個衡量方法，要確認關鍵

人力資源策略房屋模型　　　　　圖 8-2

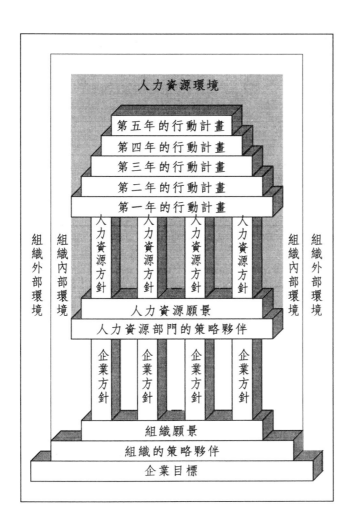

的衡量結果，可以透過詢問事件（what）、方法（how）和時間（when）來衡量。在後續的衡量中，選擇每個區塊衡量績效的適當指標，則績效就可以適當地評估。在對應的主要績效區塊中應用主要的衡量標準時，告訴管理階層組織正在如何進行，這些可以指出其為進步或不足，但是只有藉著擁有特別的最終目標，團隊才能夠評估組織的改善程度。我們可以用公認的產業標準、團隊發展目標或標竿目標作比較。

光是發展好的人力資源行動計畫是不夠的，只有具系統性、時效性的程序可以提供有效執行必要的追蹤和連結。管理團隊必須加以監督，還要持續檢討及評估結果。通常這個程序會延伸到組織的最低層級。組織對於行動計畫的檢討發生在計畫中各個關鍵點的較低層級，所有層級的員工在他們的責任範圍內都要做確認及完成活動。慢慢地，行動計畫之類的優先辦法會被接受，而且成為一種制式的方法。這個程序是循環的。目標經過修正，使命和願景改變，環境改變，組織目標的優先順序也會改變。

這是第六個也是最後一個階段，房屋模型到此完成。當我們談論人力資源願景時，我們要把環境謹記在心，評估能耐和資源，必須觀察策略性企業規劃的人力資源議題，此外，還要界定目標。這些步驟都已經包括在我們的架構中，我們已經從打地基、豎立樑柱到安置房屋的屋頂了。

人力資源的房屋模型現在已經準備好了，讓我們繼續進行變革的程序。請容筆者再一次提醒，除了我們一直對我們的行進路線所採取的初始變動和小變動之外這個變革是一個全盤的程序。

摘要

- 行動計畫的擬定是一個動態的程序。行動計畫就像是人力資源系統的方向設定之形成。

- 行動計畫是達成人力資源目標的詳細步驟。設計行動計畫需要把可行性、確定性、可測性、實用性及時效性做一精細的平衡。

- 整合行動計畫的程序需要人力資源系統的確認來實現目標，為每一個系統畫出長期的時間表，整合系統，並為每一年度的系統設計出詳細的行動計畫。

第三部份 變革的程序

「沒有唯一的答案，沒有唯一的策略，沒有唯一的模式。無
論你建立了什麼，你所能做的最有用的一件事，就像羅傑
馬丁（Roger Martin）顧問所說，只是每隔幾年就把以前的東西燒
掉。

啊！是的！簡單一句話，不要改變，而是燒掉。在不尋常
已經成為常規的世界裡——一個瘋狂的世界——穩定、明智的組織
並無任何意義。」

—湯姆彼得斯(Tom Peters)

是的，穩定、明智的人力資源策略並無任何意義。現在，時代要求
的是動態的人力資源策略，必須隨著變化的環境和人力需求而改變，而
且動態的人力資源策略將會引發變革的新秩序。人力資源策略是變革的
架構。

人力資源策略：變革的架構 步驟程序圖		

第一部份 總論	人力資源策略新興的局面	第一章
	人力資源策略的發展	第二章
第二部分　架構　第一步驟	建立人力資源願景	第三章
第二步驟	掃瞄環境	第四章
第三步驟	稽核自身的能耐和資源	第五章
第四步驟	檢視其他的策略性事業規劃	第六章
第五步驟	定義個別方針	第七章
第六步驟	整合行動計畫	第八章
第三部分 變革的程序	變革的架構	第九章
	人力資源策略的重新調整	第十章

9

變革的架構

▼ ◄ ▲ ▲ ▼ ◄ ▲ ▼ ▲ ◄ ▲ ▼ ◄ ▲ ▲ ▼ ◄ ▲

　　1997 年 1 月，某個組織面臨了改變，它決定在人力資源部門裡注入新穎及動態的思考。其中一項就是從其他部門調來一位新的領導者帶領人力資源部門。這項實驗已經被變革迫使在企業環境中給予人力資源部門一個嶄新的外貌。由於企業環境具備變化的性質，而有著可能存在的風險。在接管了人力資源部門的那一刻起，該名新領導者開始採用一連串必要的活動。現在幾乎所有的公司都假設人力資源策略的焦點是每日的，而非長期的。為了證明這是錯誤的觀念，也為了調整人力資源部門，整合現在的活動並發展出適合且進步的人力資源實務實屬必要，這也使得組織進入一個新的黃金時代。這名新領導者這麼想著。

▼ ◄ ▲ ▲ ▼ ▲ ◄ ▲ ▼ ▲ ◄ ▲ ▼ ◄ ▲ ▲ ▼ ◄ ▲

人力資源策略 ── 結果

　　我們已經通過行動計畫、談了目標、界定了願景，也評估了環境。那麼我們現在在哪裡？結果是什麼？我們已經建立了一個模型，一個理性、完整的人力資源策略房屋模型，一個我們從一開始就不斷強調對組織來說，人力資源部門在策略上的重要性之動態模型。

　　我們已經透過六個步驟發展出人力資源策略。用這六個步驟來發展人力資源策略的方法勝過從組織願景到每年人力資源行動計畫的方法，因為這個運用有長期的考量，必須把它們文件化。而這整個運作的基礎在於整個程序文件化的程度，而且是一步接著一步。人力資源策略的文件和其他組織裡的策略文件一樣重要，而且應該包括發展程序中的每一個面向。理想中，它應該包含人力資源願景、人力資源目標、實現目標的各種系統，以及詳細的路徑圖。

　　這些日子以來，許多組織越來越重視這個程序，並且確信人力資源策略中的人力資源系統必須適當地文件化，使該系統在每一個地方執行時更加容易。多國和跨國公司非常關心這個程序。此程序在兩方面有幫助，一是維持組織的一貫性，甚至是超越國界的組織；二是限制從人力資源程序出現的任何不利影響。像英國煤氣公共有限公司（British Gas Plc）之類的組織，已經為其全世界的營運建立人力資源系統的標準，為該公司在世界各地的分公司界定了公司的最低標準與優先的標準。它們定期為這些標準做強制性的稽核，並且提供子公司如何達成標準的準則。把人力資源策略文件化的程序也幫助了結合人力資源功能與企業功能的目的。因此，組織必須結合內部的人力資源系統，使其在變動環境中更具競爭力。

　　但是，透過動態的策略，我們要去哪裡呢？人力資源策略的構成要素相互作用，透過骨牌效應，會導致組織定位和未來展望的變動。分析

人力資源策略房屋模型　　　　　圖 9-1

這些變動可以針對人力資源策略的規劃，順應變動併入適當的程序。這就是為什麼我們要稱呼它是動態的策略，因為每年發展循環都需要重複或幾年後可能要放棄再尋找新策略。

行銷敏銳的人力資源策略　　　　　專欄9-1

　　Corwell，一家消費者耐久品的行銷公司，營運得相當好。雖然公司的產品持續銷售，但是在其核心市場中緩慢成長的前景正在減少。並非所有的市場都是荒涼的。Corwell 的企業總部預測家庭的免洗商品將會有強勁的成長，然而，這成長在三年後會有巨大的跌幅。第一眼還無法評估為何會發生這種情況，但是人力資源策略開始變得有用。Corwell 具備所有成功所需的因素：強壯、有競爭力的員工、管理人力資源的專家、強烈的員工導向系統，以及管理財務資源的能力。雖然 Corwell 可以影響某些產品專家，但它仍然失敗了。Corwell 公司並未隨著環境改變，它沒有更改結構，也沒有做出動態的人力資源策略。它沒有意識到人力資源是要在該市場成功的一個重要因素，也沒有制定有關附加價值的重要部分。類似 Corwell 的情況，很多公司通常都因未聚焦於適當的人力資源上而犯錯。它們設定一個不可能達成的人力資源策略，看起來似乎和企業有關，但實際上卻差異甚鉅。

變革的架構

　　沒有比執行計畫更困難的事，也沒有比開啟一個新秩序使其成功更難以預測，處理起來更會招致危險的事。人力資源策略發展終會走到一個新秩序，導致組織中人力資源功能、結構、系統及所有人員態度的改

變。人力資源策略發展觸發並啓動一個持續且動態變革的循環，驅使所有人力資源的觀點、系統、信念、結構以及出自人力資源部門的企業期望。它就是爲了變革所設計的結構。

「爲了變革所設計的結構」這句話是用來強調，人力資源功能的變革是更廣泛、更多面向、更基本的，而不只是表現在組織圖上而已。一個較狹窄的改變可能會讓想要的成本降低；然而，降低成本和改善績效的可能性存在於基礎架構元素的結合。因爲每一個人力資源系統都會成爲人力資源策略的一部份，會自動發展出長期性的觀點，這程序不會被視爲一個膚淺的活動或成本中心。

當組織參與新的政府規範、新的產品、成長、更多的競爭、科技發展及勞動力改變時，組織變革的需求會增加。爲了反應需求，很多公司或大企業的各部門發現，它們必須至少每年一次採取適度的組織變革，並且四到五年就要經歷一次重大變革。環境因素的改變迫使組織重新評估組織的本質、消費者和需求、勞動力、技術、競爭力等。毫無疑問地，的確越來越需要改變形式、結構和策略，來適應改變中的需求；需要試驗各種急遽改變的組織結構。在形式、結構、特性或本質、環境做深度的評估——一個困難卻基本的工作——對組織本身而言是不夠的。遭逢變革也會如同組織的策略一般，迫使組織重新檢驗其使命，創造出願景或想要的未來陳述。

人力資源策略爲了變革而在結構上所做的討論，會引發一連串持續且動態的變革。我們在這裡討論人力資源功能架構的改變，還有現有人力資源系統的各個部分，以及取決於人力資源策略的層級和步驟之陳述。

人力資源功能的構面

　　著名的歷史學家錢德勒（Alfred Chandler）提出「結構跟隨策略」，已經引導一個廣爲企業界採用的思考方式，這也暗示著人力資源功能的結構應該與人力資源策略一致，並加以協助。組織面臨了沈重的責任，它企圖按照本身的規模和複雜度來決定人力資源功能的結構，使得組織可以在動態的環境中更有效地經營。當工作困難的情況下，僅僅變更輪廓或描寫新的工作說明是不可能滿足的，甚至是不適當的反應。人力資源功能可以改變或重新建構，來因應企業策略的改變，更改人力資源功能的架構可以引導組織的本質，而其本質是組織特徵或性質的成因。結構包含組織的信仰、獎勵制度、所有權、型態等。人力資源功能的結構就如同一個建築計畫，圖9-2指出在人力資源部門裡運作的基本架構。包含：

- 次單位的設計（建築物的翅膀）
- 「翅膀」裡流動的東西
- 這些流動的東西如何在企業環境中互動和相連

　　由外到內（顧客的焦點）和由內到外（核心能耐）的觀點被用來調整主要的角色和責任、焦點區域、遞送路徑及相互關係。

　　每一個組織都可以被視爲單一的大組織或是由各種次單位所聚集而成的組織。組織的功能（包含人力資源）、所有員工的角色和責任都爲單一的大組織界定。然而，在企業的次單位和各種公司的成員團體中，還是有可能存在小型的策略性人力資源團體。通常，這種團體中的人力資源功能被各種新政策的規劃削弱了。

　　小型的人力資源團體根據事業單位的人力資源小組所確認的需求，發展未來導向的產品、工具、服務和系統。除此之外，公司的人力資源

人力資源的新架構　　　　　　圖9-2

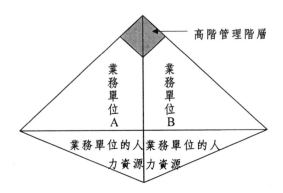

折疊的模式

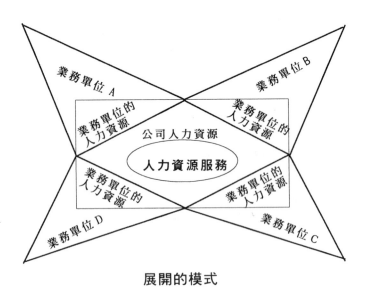

展開的模式

合作的顧客與供應商關係　　　　　　　　　　　圖 9-1

企業的人力資源	事業單位的人力資源
核心能耐	
• 功能性能耐	• 單位的企業夥伴關係
角色	
• 組織範圍的計畫 • 董事會的代理人,「應有的努力」 • 功能性網路領導者	• 強化事業單位 • 組織效能 • 人力資源計畫,支援事業單位目標 • 事業單位回饋企業的人力資源
顧客	
• 支援及提供專門技術的事業單位人力資源 • 盡「應有的努力」之公司董事會	• 事業單位的員工
服務的遞送	
• 進行初步計畫之完善的事業單位 • 系統自動化、外包,並直接送到相關的目的	• 透過管理者的影響和諮詢

運用你的選擇機會   專欄 9-2

　　在高度多角化的公司要被另一家高度多角化公司收購
的個案中，出資收購的公司其人力資源部門只有三個員
工，而被收購的公司擁有一個大型、發展良好的人力資源
部門。在這個個案中，出資收購的公司「運用它的選擇機
會」，在採購之後的六個月內，裁撤整個被收購公司的人
力資源部門。人力資源主管在改組之後宣稱「已經省下上
千盧比（印度錢幣名）的薪資」，而且改組工作已經「在
扭轉無利可圖的事業上走了一段長遠的路」。

部門在重大變革期間提供支援，這些重大變革包括公司購併、販賣、接
收或任何外部環境的衝擊等等。企業團體在組織、員工發展、人力資源
資訊系統、溝通、酬賞及利潤等領域中，安排了有經驗的專業人員。

　　事業單位的人力資源小組包括人力資源專家的團隊，這些專家擁有
廣泛的經驗，為組織的業務需求提供策略性的人力資源觀點。完整的方
針報告關係包含在人力資源功能裡。一般說來，每一個事業單位的人力
資源小組領導者對組織的高級人力資源人員做報告，即使他和事業單位
的領導者有強烈關係亦然。

　　重新建構功能，提供了良好的機會讓組織重新界定關係本質，這裡
的關係包括在外部的顧客和其他策略夥伴，以及在內部的人力資源。事
業單位中的人力資源小組為了各種介入的投入與回饋，不斷地和高階管
理階層進行互動。對服務部門來說，這種關係已經轉變了。當策略性企
業規劃確定企業策略時，公司的人力資源部門就要支援該策略。

　　人力資源幫助組織提供「高格調」（high-touch）和高科技（high-tech）

的服務給員工，不論他們的附屬事業單位為何。這裡的重點是要有效率和品質。高格調的要素包括員工關係和組織發展，高科技的要素則包括處理程序、酬賞和津貼的管理、資訊系統的管理。人力資源部門有「合作的顧客與供應商關係」的責任。儘管新結構對於人力資源功能的目的是支持企業需求這一點不容置疑，也清楚陳述人力資源策略與事業單位中人力資源小組所組成的人力資源功能之間的通道，這三個群組之間的關係仍然企圖做到公平且共同的滿意度。

在人力資源功能結構裡的持續改變，是改變同時發生在內部和外部的結果。外部環境的改變是助長這些變革的決定性因素之一，特別是公司必須介入在勞資雙方代表進行談判的機制中權力和量額的減少，這導致了人力資源活動的分散，逐漸形成人力資源活動的地方分權，這些授權和委託降低了中心部門協調人力資源活動的需求。舉例來說，最近在分權責任和為部門的訓練編列預算的趨勢，已經將總部管理階層發展以及訓練專業人員的數量減少了。這些在主要活動的地方分權上之所有改變意味著，在人力資源活動的領域裡，公司的人力資源部門扮演的執行者角色較輕，但是監督的角色較重。一個分權的人力資源結構不一定意味著控制的喪失——實際上，它可能導致人力資源活動控制的增加，而這部分一再出現在角色、公司文化、統治的政策、董事會和委員會的連繫、危機的干涉、周遭的財務控制等議題。

指出（ point out ）公司的人力資源很重要，即使公司沒有人力資源部門或只有一個非常小的人力資源部門，都不代表會忽略策略性的人力資源事務。只是，這些議題由組織裡最適當的層級所處理。至於員工，這意味著，就策略性事務而言，他們由子公司（或部門）的層級所掌控，就經營方面而言，他們由單位層級所掌控。

人力資源功能的構面   問題討論 9-1

- 人力資源會在事業單位或職責範圍之間被傳遞到什麼程度來符合策略性計畫？

- 人力資源可以在事業單位或職責範圍中發展到什麼程度來執行策略計畫？

- 是否有轉換企業資源的機制——舉例來說，從衰退的單位轉換到成長的單位？

- 獎勵制度是否設計來激勵員工努力，以達成策略性計畫？

- 組織是否有方法來計算和表達其所需的人力資源？

- 訓練和發展計畫是否朝向發展執行策略性計畫所需的技術？

- 績效評估和評鑑系統是否和組織目標一致？

- 人力資源政策和程序式是否和財務及行銷策略一致？

- 人力資源的工作內容，如雇用、酬賞、訓練，是否協調並朝著完成組織目標的方向嗎？

人力資源系統的構面

　　人力資源的議題主要的策略規劃和執行，包括設計政策並且使系統適得其所、分配資源、修改組織目前的結構、設計獎勵和激勵計畫、減少對變革的抗拒、符合策略的管理、發展有策略支持作用的文化、發展有效的人力資源功能等等。當策略的執行推動組織朝著新的方向邁進

時，需要更廣泛的人力資源系統變革。

我們先前已經簡略看過人力資源系統，還試著確認及界定所需的系統，以便建立人力資源策略。我們現在仔細地觀察人力資源系統裡各種可能的構面，這些構面可以運用在組織中，我們可以採取一個指定的體制或根據組織的要求來適當地修正之。人力資源策略是由各種系統界定和運作，這些系統不可或缺，也相當關鍵，它們如何串連及整合，是一連串我們必須回答的問題。

考量想要達到的人力資源系統狀態，就可以分析系統的成熟階段，再合併到已經界定好的企業策略中。人力資源系統是人力資源策略的一部份，提供人力資源策略一個完整的外觀，並且整合到企業策略中。

人力資源系統的成熟度存在四種不同的階段。各種系統被發展，並依照組織的需求分析來執行。這四種不同的階段為：初始的反應階段（reactive）；順從導向或最低限度水準階段（compliance driven or minimum-level）；風險管理或偏好水準階段（risk management or preferred-level），以及持續改善或先進水準階段（continuous improvement or advanced-level）。每一個階段的意義在表 9-3 中有詳細描述。

系統可以檢討評估它們目前所在的階段為何。根據人力資源策略發展的六步驟，每個系統可以設計一個三到五年的計畫。

為策略做規劃　　　　　　　　　　　　　　　　　　專欄 9-3

　　「公司的發展是策略管理和組織發展和諧地共同作用而成。策略管理的主要系統是公司規劃系統，組織發展的主要系統是人力資源發展系統。」

（改寫自：Athreya，年會，ISTD，1980 年）

系統   表9-2

組織設計	●組織結構
	●人力資源規劃和招募系統
工作規劃	●角色分析系統
	●工作評估系統
獎勵和報酬	●績效管理系統
	●津貼／薪資系統
	●紅利及福利系統
	●獎賞系統
員工培養	●訓練系統
	●績效諮詢系統
職涯成長	●潛力評鑑系統
	●職涯和接管人規劃系統
	●升遷系統
組織發展	●組織發展系統
溝通	●內部溝通系統
	●員工回饋系統
團隊方式	●團隊管理系統

人力資源實務 表 9-3

階段	管理人員的方法	人力資源系統的方法
反應	只有在情況發生後才反應	極不正式的系統
順從導向	執行產業標準，順從法律要求	複雜的正式系統
風險管理	確認；評估和減少營運中的固有風險	執行透過人力資源方面整合的標準化操作
持續改善	積極尋求人員程序的替代方法來減低風險	大部分都整合成標準化操作

組織設計

　　組織的階級結構決定了營運方式、報告關係、組織中權力與責任的廣度。員工是重要的資產，任何可以提升激勵程度和員工士氣的介入手段，必須不斷地導入組織裡。雖然過程緩慢，但卻是必要的，這些程序構成了一個較大程序，稱為組織發展。策略的變革通常要求改變整個組織設計，也就是建構組織和分配職員的方法。對於既定的策略或組織形式而言，並沒有什麼完美的設計或結構。適合某一個組織的結構設計不一定適合其他相似的組織。很多力量會影響組織，但是沒有任何組織可以改變它的設計來反應每一種力量；這麼做只會導致混亂。

　　表 9-5 列出一些屬於它們成熟水準的組織設計系統。

目標設定／次要因素的評估

表 9-4

現在和未來水準的評估

要素	次要素	反應	順從導向	風險管理	持續改善
組織設計	組織結構				
	人力資源規劃及招募系統				
工作規劃	角色分析				
	工作評估				
	績效評鑑				
獎勵及報酬	薪資系統				
	利潤及福利系統				
	獎賞系統				
學習及培養	訓練系統				
	績效諮詢系統				
溝通和關係	內部溝通系統				
	員工回饋系統				
	職涯及接手人規劃系統				
	升遷系統				
團隊方式	團對管理系統				
組織發展	組織發展系統				

|||||| 目前的狀況　　///// 三至五年的行動計畫　　□ 目標

表 9-5

組織設計

	反應	順從導向	風險管理	持續改善
組織結構	沒有正式定義組織結構；報告關係不存在；階級組織的角色未定義	階級結構根據需求為基礎的方法而存在	層級和功能被清楚定義和文件化	根據競爭能耐和組織文化而來的動態及扁平的組織結構
人力規劃和招募系統	人力要求是以特別的需求為基礎，而招募是根據需要的時候	人力要求編列在事業計畫中，而招募是考慮個人和組織的配合	人力要求編列在根據人力研究而來的事業計畫中，而招募是根據仔細的分析後才做	存在策略性事業計畫；編列人力；符合價值觀才進行招募

投資在年輕人身上 專欄 9-4

在印度斯坦利華公司（Hindustan Lever），他們用許多方法來重新補足管理幹部。大約百分之九十的上級主管是從內部升遷上來，專家和專門技術人員則是直接從應徵者招募，而非由內部升遷。大學畢業的新鮮人進入管理的行列後，會受到特別的注意。他們通過設計良好的遴選程序、就任和訓練，這在印度的公司裡獨樹一幟。這些年輕人在經過全國性的探尋和遴選程序之後被謹慎地選擇。當他們加入利華公司，他們不只得到工作；而是開啟職業生涯。這個哲學經過時間的解釋和證明，努力和金錢投資在聰明的年輕人身上。

（改寫自：Silvera，1998 年：第 66 頁）

組織設計 問題討論 9-2

• 現有的組織架構是何種形式？
• 是否有正式的組織圖嗎？
• 權力和責任關係是否清楚地建立？
• 中央集權相對於地方分權的程度為何？
• 是否有系統性的方法來計算出人力的需求？
• 年度的人力計畫運作是否實現？
• 是否根據需求進行招募？

工作規劃

　　「以績效為基礎的報酬」是最近產業界的流行術語。對個人績效評估來說，這個程序從任務分派的時候就已經開始。為了確保工作滿意度，適當的工作應該分配給適當的人選。對組織來說，因為某些層次系統不足，提供這些基本要求給所有的員工就相當困難，像是角色分析、工作評估及績效管理程序。舉例來說，從事天然氣零售的古加拉特瓦斯公司（Gujarat），有一個文件化且設定好的著名工作規劃系統，稱為 PPRDS（績效規劃、檢討、發展系統，Performance Planning，Review and Development System）。新的一年剛開始的時候，根據企業需求，員工和他們的上級與同事協調，將他們被要求在這一整年執行的工作加以界定並文件化。員工和上級隨時進行檢討。員工的績效一年評估兩次，亦即半年評估一次，年終的時候再做一次年度的評估。這項年度評估是整體的，也考慮到員工的績效。員工根據自己的績效獲得適當的現金獎勵。

工作規劃　　　　　　　　　　　　　　　　問題討論 9-3

- 是否有任何績效管理系統存在於公司中？
- 是正式或非正式的系統？
- 系統應用在所有層級或只用在執行的人員？
- 系統檢討的頻率為何？
- 是開放式抑或封閉式的系統？
- 角色和責任是否清楚定義？
- 員工對他的角色設定有發言權嗎？
- 工作的描述是否存在？
- 是否評估過每一個工作性質嗎？

員工最瞭解　　　　　　　　　　　　　　專欄 9-5

　　由於越來越多公司成立且急需受過訓練的人員，這個情形造成的員工流動率已經讓印度在邦加羅爾（Bangalore）的軟體發展業，由繁榮變成最艱難的打擊之一。因此，這個區域的公司必須提供創新的作法來吸引和留住員工。Infosys，一家印度軟體公司，它的顧客包括美國銳步（Reebok）等多國企業。Infosys 以其召募政策成為一個開明的雇主。

　　這個概念很簡單：如果現在的員工快樂，他們會幫助吸引新的人才。該公司為許多世界性的外國顧客處理工作，使用系統性的計畫包裝來吸引和保留難得的人才或有天分的人。每一個員工像顧客一樣被對待，公司按照酬賞、績效變數、工作情況及職業前景，盡量滿足其特殊需求。這些需求根據績效的「品質確認」被制訂出來。新的員工順利完成就職計畫，學習「Infosys 的生命線」。公司認真研究出期望的標準，一旦人力資源部門確信大家瞭解這些標準，就會給予員工充分的支持。

　　Infosys 透過「結伴進步」的概念，努力培養一種共同擁有的感覺，公司成員因此被激勵去認為他們是夥伴而不是員工。Infosys 的策略讓員工高度連結。有希望進入公司的員工由他們的前輩來面試，前輩讓新人相信，Infosys 提供一個有吸引力的職業。Infosys 現在嘗試著安排特別設計的管理課程給缺乏這些訓練的工程師。這個策略旨在對抗困擾軟體業的工程師高流動率的問題。Infosys 的目標是零流動率。

（改寫自：Monappa & Shah，1995 年：第 32 頁）

表 9-6

工作規劃

角色分析系統

	反應	順從導向	風險管理	持續改善
	沒有清楚的角色定義，工作和角色在需要時才訂出	清楚定義角色和責任	角色協商由員工和上及共同進行，員工在規劃他們工作方面有相當多的發言權	定期給予回饋，考慮新角色的定義

工作評估系統

	反應	順從導向	風險管理	持續改善
	公司裡有工作描述和說明書，而酬賞則是根據組織的要求	存在工作分析	存在科學的工作分析系統，而且酬賞連結到工作分析	採用海伊（Hay）的工作分析系統

續下表

績效管理系統

（表 9-6 續）

反應	順從導向	風險管理	持續改善
沒有正式的評鑑系統，必要時，才給予回饋	存在封閉式的評鑑系統	存在開放式的評鑑系統	存在 360 度的評鑑系統，員工和上司都要評估自己的績效；員工根據他所希望他成長的方式成長

獎勵和報酬

「拍拍肩膀」、「感謝函」等，是員工完成某項任務或達成某個目標時普遍的期待。獎勵和報酬是在公司生活裡的一個完整策略，它給予員工士氣和精神上的滿足。組織應該發展一套有效的獎勵和報酬政策，在各種傑出的貢獻和達成某項重大任務時，給予適當的獎勵。獎勵可以是金錢或非金錢的，份量可以變化，端視貢獻和成就的性質而定。當員工在適當的時候得到獎勵和報酬，他們總是會感到非常高興。奇異公司（GE）的醫學系統採用一套在年終以紅利來獎勵員工的獎勵制度。員工通常會忘了他們為什麼會得到獎勵。奇異公司導入了「快速感謝」的系統，員工可以提名任何一位同事去接受某些餐廳的優惠券或商店禮品折價券，價值25美元，來感謝他們在工作上的模範。員工有傑出的工作表現時會得到提名，由員工本身提出他認為值得獎勵的夥伴，因為同事在讚美別人時，比上司嚴苛得多，且對於得到嘉獎的員工來說，他得到的是同僚的認可，實質意義遠超過那25美元，因而增加了獎勵的價值，他們也知道為什麼自己會得到這個獎勵。

學習與發展

隨著企業標準的改變和企業複雜度的增加，組織程序會經常改變。為了克服這些程序的改變，員工發展變得很重要，並且形成組織發展中不可或缺的路線。

透過績效輔導，訓練、身處程序之中、以及預備好員工可以以特定方式增加員工發展。有很多增強的方法可以透過員工發展來達成。基本上必須，雇主願意花時間在員工發展上，而且員工也願意參加自我發展的課程，從而提升整個組織的學習能力。

表 9-7

獎賞和報酬

酬賞系統

反應	順從導向	風險管理	持續改善
薪資的給付是以和應徵者的結論協商出來的結論為基礎；需要正式的獎勵系統	酬賞連結到績效評估、留任和應徵者的市場價值	定期檢討以產業調查為依據的酬賞結構	酬賞結構已經決定，並且以表現為基礎，附加股票選擇權的潛在架構

工作評估系統

反應	順從導向	風險管理	持續改善
津貼和福利系統沒有被設定，而是根據個人的需求	員工津貼政策是確定的／必要的；系統強調法定的系統	津貼政策以定期更新的產業利潤與調查為根據；這是一個前瞻性的方法	有系統性的定義；無集體議價的事例

續下表

（表 9-7 續）

獎勵系統

反應	順從導向	風險管理	持續改善
員工有卓越貢獻時就給予獎勵；有可能為任何型式的獎勵	定期評估員工在相關工作領域的貢獻來給予獎勵	透過金錢和非金錢的方法來獎勵，以強調員工的努力；獎勵系統存在	存在先進的獎勵系統，透過團體的評價，自動對貢獻及任務給予獎勵

獎勵及報酬　　　　　　　　　　　　　　　　　問題討論 9-4

- 組織如何決定酬賞的結構？
- 酬賞制度是否連結到績效？
- 獎勵和酬賞是金錢的形式或非金錢的形式？
- 監督該系統的機制為何？
- 獎勵和報酬系統是否根據產業標準定期進行檢討？
- 員工津貼計畫是如何設計？
- 是否有效地管理和監督？
- 多久更新一次獎勵和報酬計畫？

德州儀器公司（Texas Instrument）的學習文化

專欄9-6

　　走過走廊，我們可以觀察到德州儀器遠距教學課程的運作。

　　傍晚，成群的員工聚在一起討論課程的主題。這些討論甚至可能甚至是一位員工就某項營運系統的理論來對大家做報告。

　　德州儀器的遠距教學課程協同印度某個一流的工程機構共同研究出來，它根據大部分員工對學習環境的需求，而且據分析顯示，80%的員工離開德州儀器的原因是因為想要接受更高的教育。現在，兩個學位——電腦科學的碩士學位和系統軟體的碩士學位——在這項課程中都有提供，並有充分的課程和時間完成。

　　（資料來源：Pareek，Padaki and Nair，1992 年：第 73 頁）

學習與發展　　　　　　　　　　　　　　問題討論 9-5

- 員工的訓練和發展需求是否確實地評估？
- 訓練是否以特別的方式傳授，或者，訓練是界定良好的活動？
- 訓練的需求是否定期維護和更新？
- 是否有充分的在職訓練？
- 資方是否針對訓練的工作天和成本，編列及分配足夠的資金？
- 是否有任何訓練上得到的回饋，可以作為未來訓練課程的參考？
- 組織是否體察到輔導的重要性？
- 組織是否支持與員工面對面輔導的需求？
- 組織中的諮詢輔導是否為正式的程序？
- 組織中是否有指定的諮詢顧問？

職涯成長

　　每一個人都有他自己對個人專業成長的渴望。專業的成長在公司階層階梯般的爬升中，提供了豐富的經驗。組織有責任去確認所有員工之中這個自然的本質和傾向，發展一個合適的系統讓員工的需求可以實現。潛力評鑑、職涯計畫及升遷系統，都是關心員工職涯成長的系統範例。

表 9-8

學習與發展

訓練系統

反應	順從導向	風險管理	持續改善
訓練是在有需要時才傳授；工作要求和技能要求之間沒有清楚的配合	存在正式的訓練系統；訓練的需求已經確認，且訓練課程與需求連結	年度需求確認已經完成，並且配合訓練課程；整體行事曆已經預備執行和監控	存在完整培育的訓練中心並且有組織內部的能力發展課程

績效諮詢系統

反應	順從導向	風險管理	持續改善
在問題發生之後，人力資源部門根據需求來給予建議和忠告	諮詢是由組織內的專家／主管來作；此作法被認為是組織發展的介入及補救性措施	確認諮詢的需求，而且組織採用系統性諮詢方法	存在先進的諮詢程序

職涯成長　　　　　　　　　　　　問題討論 9-6

- 是否進行員工的潛力分析來觀察員工是否適任？
- 表現好的員工是否被發現，並充分運用？
- 組織是否定期進行工作輪調？
- 組織內的每一個員工是否都有職業軌道？
- 升遷是根據特別的目的，或者是以界定良好的現存升遷政策為基礎？
- 升遷是否也同時增加員工的責任？

組織發展

　　組織發展包含四個不同領域的改善：工作、技術、結構及人員。這四個領域的目前狀態需要徹底地評估和分析，才能作適當的修正。適當的工作分配可以透過工作分析和能耐評估系統來進行。組織的發展跨越了參與活動的範圍，應該像每一個組織需求一樣，適當地採用，嚴格地修正，這樣也可以將個人的期望、價值和需求結合到組織哲學裡。越來越多的證據顯示，在許多印度之外的國家，工作越來越不能作為身分的表現。似乎對工作環境和工作倫理的投入越來越弱，對公司的價值觀和程序也有較多的懷疑，越來越高的工作流動率和缺席率，以及對公司營運有更多要求，以便取得員工輔導和家庭福利。由此可看出，組織發展應該加以設計。

表 9-9

職涯成長

潛力評鑑系統

反應	順從導向	風險管理	持續改善
根據高階主管主觀的各人看法來評估個人執行其他工作的能力；無績效管理系統存在公司裡	個人被假定為可以在其他工作中得到和現在一樣的成果；找尋個人潛力的方法包含在績效管理系統裡	個別的潛力評鑑機制存在，並充分地應用來評估員工	建立關於所有員工的文件化的潛力評鑑系統與技術清單

工作評估系統

反應	順從導向	風險管理	持續改善
員工取得職涯成長；公司裡對職涯成長沒有正式計畫	提供所有員工充分的工作輪調和工作擴展的職涯成長機會	清楚落實、傳達及遵循職業軌道；存在職涯規劃和接手人系統	做好公司內部每一個員工的接手人規劃，並且定期檢討

續下表

（表 9-9 續）

升遷系統

反應	順從導向	風險管理	持續改善
升遷在性質上是特別的、主觀的，只有為了留住人員而讓其升遷	存在已經擬定的升遷政策，且和績效評鑑系統相連結	存在升遷政策；根據組織結構、潛力評鑑，以及現成的空缺，才能夠升遷	存在升遷政策。根據組織結構、潛力評鑑和現成的空缺，才能夠升遷。升遷的同時，增加其責任和權力

組織發展系統			表9-10
反應	順從導向	風險管理	持續改善
組織發展被視為企業成長；投入基本的方法和任務、結構、技術和人	為了組織成長而規劃及執行介入手	用科學的方法來檢討組織的任務結構、技術和人員；於是，各種不同的介入方法被投入組	根據回饋來作組織發展之介入與

組織發展   問題討論9-7

- 可以清楚看到應徵者的價值觀結合到組織的價值觀嗎？
- 採用哪一種組織介入手段？
- 這些介入是以需求為根據，或是定期實施？
- 這些介入是否廣泛地散播到組織中？
- 組織使用何種方法來執行這些介入？

溝通

有句話說，假如有消息靈通的人員，你就已經完成一半的工作；假如人員對情報一無所知的話，可能會導致災難。組織必須保持所有溝通管道的暢通。有關競爭者、市場藍圖的改變、營運前線的最新發展、顧

客需求的改變等溝通資料，需要持續定期地收集和更新。同樣地，組織內部由上到下和由下到上的溝通管道也必須暢通，如此，每一個員工才能接收到資訊，並知道組織的程序。各種加強組織內部和外部溝通的方法，可以根據組織現在的需求而適當地選用。（參閱表 9-11）

溝通和關係　　　　　　　　　　　　　問題討論 9-8

- 有正式的溝通管道存在，或是透過口頭的傳遞來進行資訊的流通？
- 資訊流通的方式只有由上到下或者也有由下到上的傳遞方式？
- 組織內部是否有開放且有益的環境？
- 組織有定義良好的回饋機制嗎？
- 關於績效的回饋是否期執行？

團隊方式

　　工作團隊是一個錯綜複雜的生物，它的成員必須脫出個人的差異，找出建立的優勢，權衡對工作的投入與他們每天工作的要求，學習如何改善品質。這就是團隊形成的本質。

　　解決問題的程序透過全體意見一致，最能夠被滿足，而最有可能的方法就是透過團隊的方式。團隊可能為不同形式，手段也會有不同的性質。根據任務性質的不同，團隊也有可能在短期間或是長期間形成。

表9-11

溝通及關係

內部溝通系統

反應	順從導向	風險管理	持續改善
溝通是根據口頭傳遞，而不是經由正式的管道	溝通管道是由上而下的方式	溝通是以監督和檢討的方式，由上到下和由下到上進行	環境有助於互信和開放，並且高度溝通，正式和非正式的溝通都發生在員工之間

回饋機制系統

反應	順從導向	風險管理	持續改善
沒有回饋機制存在	以非正式的方法收集員工回饋的意見；透過建議的機制激發建議	在組織中以正式的方法來收集回饋，像是意見調查等	定期取得從所有策略夥伴而來的關於公司績效的回饋，制訂

透過以人為中心的合作方法：重電產業艾波比公司
Asea Brown Boveri（ABB）的經驗　　　　　　專欄 9-7

　　我們說，我們會改變方式，從成本中心轉換成價值中心。在這段時間之前，我們是以傳統的階級制度在營運，業務上我們有採購部門、產品部門、設計部門和行銷部門。我們重新建構組織，希望可以創造出一個授權給人員的結構。我們把自己變換為事業單位，並這樣運作。一個事業單位處理大約 2.5 至 3 億盧比的營運價值。大約 12 個人照顧整個營運的範圍，從設計、採購、規劃、生產和測試，一直到包裝的程序。

（改寫自：Gupta，1998 年：第 101-02 頁）

團隊方式　　　　　　　　　　　　　　　　　　表 9-12

反應	順從導向	風險管理	持續改善
工作已經確認，並且由個人來執行；其他員工和團體的幫助在需要的時候才採用	部門性的團隊執行工作	跨部會和跨階級的團隊存在組織中，而任務的執行會分派給團隊	以團隊為基礎的系統結合了團隊的組成、工作表現，以及用 360 度的回饋系統來評鑑所有的成員

團隊方式   問題討論 9-9

- 組織內的團隊如何定義？他們是否跨部會跨階層？
- 何為評估團隊績效的機制？
- 團隊的角色如何定位？
- 當達成任務／目標時，獎賞是給個人嗎？
- 是團隊還是個人進行組織的主要企業決策呢？

連結人力資源系統到組織的成熟度

　　結合和確認最適合組織成長的人力資源系統，其中最好的方法就是嘗試著配合人力資源系統，尤其是和組織成長接對有關的召募和遴選、訓練和發展、評鑑和獎賞。它們的整合可以考慮組織成長的生命週期，或是配合企業策略這兩種方式來進行。傳統上，組織的生命週期可以區分為四個階段，導入、成長、成熟和衰退。每一個階段都有特別的結構，並且選取適當的人力資源系統來配合。舉例來說，在獎賞方面，導入期的組織應該符合或超過勞動市場的比例，來吸引所需的人才。（參閱表 9-13）

連結人力資源策略與企業策略

　　人力資源管理這個術語及其與策略連結的概念已經越來越獲得重視。如果在組織採取的方向及其對員工的選擇與員工在工作時如何被對待之間做一整合，也許只反映深藏在組織文化中潛在的凝聚力。

　　就這種意義來說，人力資源策略主要是關於整合人力資源方面在營運上的策略性需求，並且因而整合到企業策略中。在美國大約只有不到20%的人力資源策略性計畫被設計出來，整合到整個組織的企業策略中。然而，研究顯示，80%的美國企業主管會把人力資源放入考量，因為人力資源對於策略的形成有重要的影響。這樣的期望正逐漸被滿足，因為越來越多的公司，像美國運通（American Express）和英國製藥大廠（Smith Kline Beecham），延攬資深的人力資源專家，這些專家同時也是熟練的經營管理者。

　　因此，人力資源策略通常意味著管理人力資源之政策與實務和組織策略性計畫的整合。如同先前所述，招募的實行和職業發展的進行應該連結到組織的長期目標和策略。分析目前的人力資源構面，絕對可以給予組織在人力資源策略運作上的優勢。然而，為了保持更高的競爭力，未來的可能性也應該考慮到策略中。表9-14描述了人力資源針對企業焦點和未來觀點或策略觀察的五個構面。

　　可行性，甚至是整合人力資源系統和企業策略代表了什麼的問題，都會非常依賴策略的前途，以及採用何種策略。已有很多學者提出組織的人力資源管理策略及其公司策略相連結的價值。我們可以描述如下：

企業策略　◄───► 人力資源策略

　　有效連結人力資源策略，最後能夠達成想要的利潤結果和顧客滿意度，這就是為什麼某些學者表示，成功的人力資源策略始於確認策略性的企業需求。作為斡旋變數的各種策略性企業規劃和內部及外部環境，每年將其與行動計畫連結，使得人力資源系統能夠達成策略性企業需求。

　　在圖9-4中，我們可以看到人力資源策略是企業策略的構成要素，和其他的功能性策略來自完全相同的觀點。各種不同的構成要素一起形成企業策略，強調顧客、產品及利潤為組織成功的基礎。以組織結構來

結合人力資源與企業策略中　　　　　　　　　　　專欄 9-8

　　HLL的人力資源政策和實行的確對達成顯著的成長有很大的貢獻。然而，為了實現我們對成長的雄心壯志在看到關鍵的成功因子與未來營運的挑戰相連時，我們必須再重新檢驗人力資源策略的決策類別。首先是分配資源。我們堅信分配資源的程序應該和特定的營運程序所在地的生活反應有關。舉例來說，一個新的／初期的企業、在成長階段的企業，或是一個成熟穩定的企業，我們分配資源給新企業的方法，就和另外兩個階段的情況不同。大部分的新企業會需要技術，而這些技術很特別且現在不是我們所能取得。因此，我們必須招募專家，幫助他們融入公司裡。在成熟穩定的企業中，我們需要一個適當的方法來結合人員的相關經驗，也需要改變公司的方向。在資源分配之後，第二個是績效管理。管理發展是第三個範疇。而在人力資源裡，最後的決定範疇是員工的關係。

看，圖中的金字塔描述了整個企業策略。金字塔被分割成各種功能性策略區塊，以顧客作為基礎，產品則是對公司盈虧的投入。

　　當公司的策略確定（人力資源輸入資料是獨立的），就執行人力資源系統來支援這些策略的傳遞。這種反應模式的範例可以在舒勒（Schuler）的著作中發現（參閱圖9-5）：

　　圖9-5頂端的組織策略與指向下的單向箭頭不是偶然造成的：公司策略和營運的策略性需求被視為人力資源活動的首要決定因素。策略性人力資源管理的運作就這個意義而言，都與結合五個「P」的方法有關——人力資源管理的哲學（philosophy）、政策（policy）、實行

表 9-13

人力資源系統成熟度

人力資源功能	導入	成長	成熟	衰退
招募、遴選和配備職員	吸引最好的技術和專業人才	招募足夠數目和不同資格的員工，接手人規劃之管理；管理迅速的內部勞務工市場流動	刺激足夠的流動率來減少裁員，並且提供新的好機會；重新組織工作來制激機動性	計畫執行勞動力的減少，並且重新分配任務
薪酬和津貼	符合或超過勞動市場的比例來吸引所需的人才	滿足外部市場，但考量內部的公平性；建立正式的薪酬結構	控制薪酬	較嚴厲的成本控制
訓練和發展	定意味來的技能需求，著手建立的職業階段	塑造有效的團對來滿足員工發展和組織發展	維持彈性和老化勞動力的技術	執行重新訓練和職涯咨詢服務

續下表

（表9-13 續）

| 勞工／員工關係 | 建立基本的員工關係、哲學和組織 | 維持勞工和諧、員工的激勵和士氣 | 控制勞工成本，維持勞工和諧；改善生產力 | 維持和諧 |

人力資源的主動性：印度國營石油及天然氣公司 ONGC
的經驗　　　　　　　　　　　　　　專欄 9-9

　　在公司的層級中沒有存在任何模式來整合人力資源策略與企業策略。但是在 ONGC，一些人力資源實務和主動性的特徵，正不斷引領著被企業領導的人力資源策略的發展。和生產力有關的報酬和績效獎勵方案自動地傾向於與人力資源策略和企業策略結合，人力資源願景就會和公司的願景保持一致。計畫使用的企業資源規劃（ERP）系統將整合人力資源功能與其他功能性領域，尤其是和資料庫有關的部分。ONGC 的人力資源全球化同步。

（改寫自：Gupta，1998 年：第 115 頁）

（practice）、計畫（programme）及程序（process）——在某種程度上提升策略的主動性。人員的管理因此成為一個多餘的活動。反應的連結可以描述如下：

公司策略 ◀━━▶ 人力資源策略

　　舒勒和傑克森（參考 Ahlstrand and Purcell，1994 年）也建議策略性定位／管理風格和人力資源政策之間的配合。最有名的是他們根據波特在不同產業狀況下達成競爭優勢的一般性策略所做的策略性定位。舒勒和傑克森對波特的三個企業策略建議——創新、品質提升和降低成本——每一個策略都需要一套和人力資源政策有關的工作設計、員工評鑑和發展、獎賞、參與等項目的人力資源政策。當創新策略要求高度的創造行為時，工作就要求團體中的每個人必須緊密地互動及合作。相對來說，降低成本策略要求重複和可預測的行為，因此必須有較為固定和明確的工作描述，不允許模稜兩可的情形發生。

人力資源構面 表9-14

構面	企業觀點	策略觀點
產業	產業情況已知，且為靜態的	產業情況可以被塑造
人力資源部門	組織應該根據人力資源來建立競爭優勢；目標是打擊競爭	組織應該追求在價值上的重大突破來支配市場
員工	組織應該留住員工；注意員工的價值	讓一些員工離開；注重雇用有能力的員工，而不是雇用員工
能耐	組織應該運用現有員工的能耐	組織不應被缺乏能力的員工所限制，而必須自問何者需要更新
人力資源實務	供應傳統的人力資源實務和產品；目標是把提供的價值最大化	提供公司一個總的人力資源解決方案，而不是傳統的方式

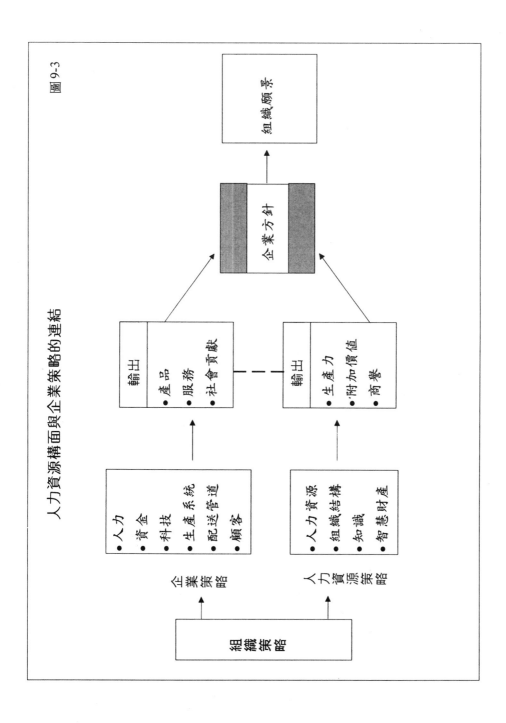

圖 9-3

人力資源構面與企業策略的連結

多能工——對我們有利！　　　　　　　　　專欄 9-10

　　多能工也是一個有用的附屬政策，保證對雇用的保障。畢竟，如果員工擁有多種技術，會做不同的事情，比較容易被留任。同樣地，維持員工的水準有時候迫使組織為員工找尋新的工作，通常這會產生令人驚訝的結果。日本汽車製造商馬自達（Mazda）在 1980 年代遭受營運衰退，他們沒有裁減工廠員工，反而讓這些員工去賣車，在日本挨家挨戶地推銷。年底要頒獎給業績最好的銷售人員時，公司發現賣得最好的前十名全部都是先前的工廠員工。他們可以解釋產品的功能，而且想當然爾，當營運好轉時，工廠員工已經有過和顧客談話的經驗，激發出用來發展產品特徵的新主意。

（資料來源：Pfeiffer，1994 年：第 47 頁）

整合其他策略和人力資源策略　　　　　圖 9-4

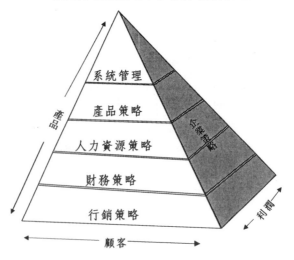

透過人力資源的策略性觀點看醫療保健領導人成功的故事　專欄9-11

　　ABC 是一個專營醫療保健的小型家族企業，創建於 1970年代。剛開始是一家維他命E製造商，一直努力專注在研究天然的藥劑。幾年之後，ABC 發展出治療心臟血管和呼吸、神經等疾病的藥物，到了 1980 年代，它已經成為印度國內第六大的製藥公司。ABC 在該產業是比較小的企業，當全球競爭日益增加，國內市場的成長卻日益趨緩。作為一家擁有 4000 名員工的傳統公司，終身雇用是很普遍的事，而職業的升遷和權力是以年資為基礎。因為個人的失敗意味著沒面子，員工無法被激勵，集團決定走出過去根深蒂固的角色，採取超過現有範圍和組織結構的人事任命。個人同時對他們的管理者和集團規範效忠，因此他們不能尋求個人的報酬和成就。且因為其他公司也用類似的方法，所以沒有外部競爭者的壓力迫使他們有所不同。

　　1988年，一位新任總裁繼承他父親的位置。在繼承之前，他擔任 ABC 五年期的策略性規劃委員會主席。幾年後，這位總裁為 ABC 設計了一個全新的願景，他稱之為人類健康關懷（Human Health Care，HHC）。這個願景將公司的注意力擴大到製造治療特殊疾病的藥品以及改善整個生活的品質，特別是老年的病患。為了達成這個使命，ABC 必須發展出廣大的新產品和服務，從而也要求員工參與奮鬥。這意味著個人必須接受新的協議條件和績效標準。1989 年，這位總裁宣布他新的策略性願景，並

且為100位在公司變革時要作為原動力的革新主管開啟了一個訓練計畫。訓練的課程由健康照護的趨勢研討會和組織變革的概念組成,另外,也讓員工有實際照顧病患的練習。這些課程結束時,總裁命令革新主管從他們的經驗得到的觀察,變成新產品和新服務的提案。每一個提議在執行管理前,都要讓總裁和ABC的行政管理部門過目,以便取得公司高度的支持。而這個作法對總裁來說也很重要的一件事,就是要確保每一位主管都致力達成他們的人類健康關懷計畫之目標。

這些訓練課程和後來的人類健康關懷產品為艾塞(Eisai)的人員創作力設立了一個舞台。革新主管在正常的組織結構和公司傳統文化範圍外運作,他們設計新的產品和計畫,把多種學科的團隊結合在一起,發展他們的想法,吸引對革新有興趣的新參加者。這是給資淺員的機會,包括先前在ABC或其他製藥公司的人。這個跨部會的團隊建立員工本身的人類健康關懷願景,且立即實施在他本身的生活中。這位總裁注重公司的人力資源部分,使得ABC完成主要的策略性變革。1993年底,公司已經從印度國內第六大製藥廠向前推進到第五大公司的位子。今天,ABC已經被視為健康照護的領導者了。

人力資源策略的舒勒模型（Schuler's Model）

圖 9-5

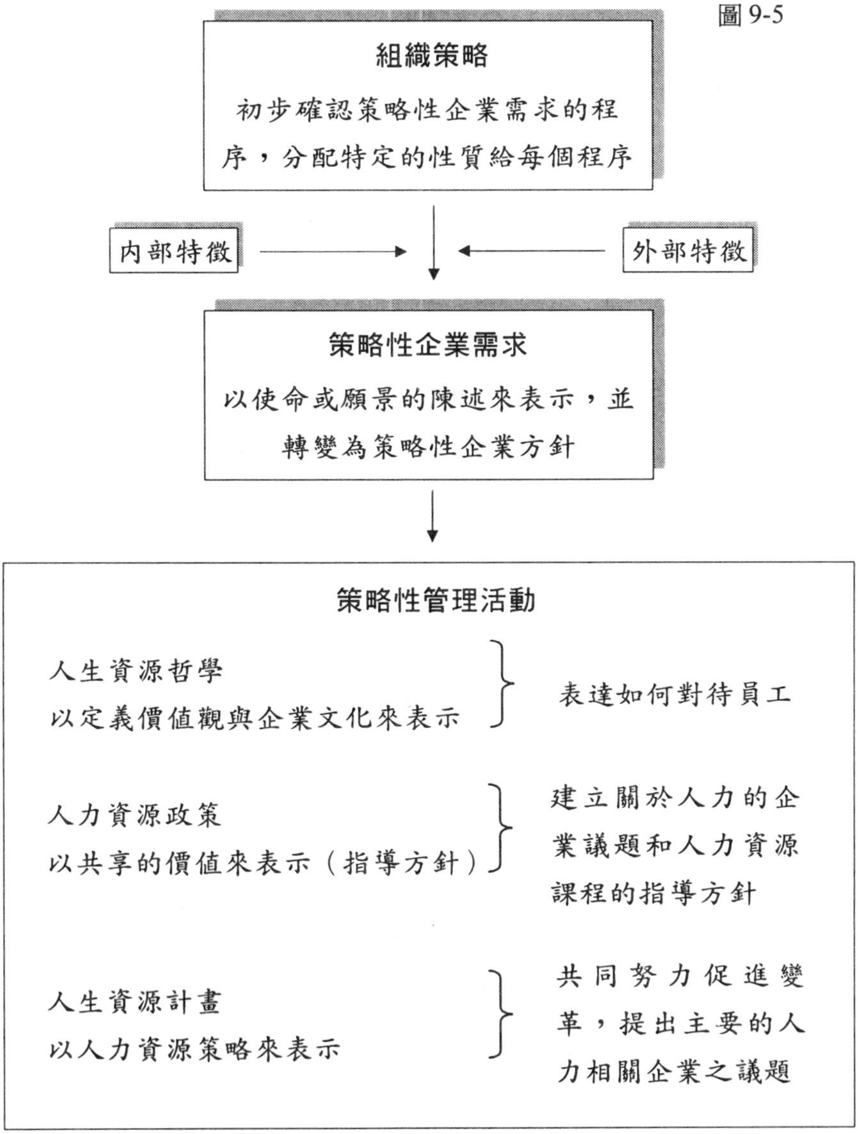

```
┌─────────────────────────────────┐
│            組織策略              │
│                                  │
│   初步確認策略性企業需求的程      │
│   序，分配特定的性質給每個程序    │
└─────────────────────────────────┘
```

┌──────────┐   ┌──────────┐
│ 內部特徵 │ ──→ ←── │ 外部特徵 │
└──────────┘   └──────────┘

```
┌─────────────────────────────────┐
│          策略性企業需求          │
│                                  │
│   以使命或願景的陳述來表示，並    │
│   轉變為策略性企業方針           │
└─────────────────────────────────┘
```

```
┌───────────────────────────────────────────────┐
│                策略性管理活動                   │
│                                                 │
│  人生資源哲學                  ⎫                │
│  以定義價值觀與企業文化來表示   ⎬  表達如何對待員工  │
│                                ⎭                │
│                                                 │
│  人力資源政策                  ⎫  建立關於人力的企   │
│  以共享的價值來表示（指導方針） ⎬  業議題和人力資源   │
│                                ⎭  課程的指導方針     │
│                                                 │
│  人生資源計畫                  ⎫  共同努力促進變     │
│  以人力資源策略來表示          ⎬  革，提出主要的人   │
│                                ⎭  力相關企業之議題   │
└───────────────────────────────────────────────┘
```

人生資源實務
領導能力、管理的角色和運作的角色 ⎫ 表達如何對待員工
⎭

人生資源程序
其他活動的規劃和執行 ⎫ 定義這些活動如和
⎭ 實現

（資料來源：Ahlstrand and Purcell， 1994 年：第 34 頁）

關於人力資源策略的信念

　　在組織裡發生變革是無可避免的。當人力資源專家瞭解變革的必要性之後，通常都誤解了要怎麼進行變革。要改變整個公司，透過人力資源策略才產生的變革程序一定要運用到整個組織。妥善安排擴及整個組織範圍的變革程序，需要在組織的各個策略夥伴之間有一個微妙的平衡。改變會影響組織的士氣，會因為害怕失去一些價值、對變革的誤解、對變革的懷疑或是對變革不諒能忍受而遭遇強烈的抗拒。在人力資源中，若沒有明確的成果來促進變革的情況，那些企圖改變的人就會前仆後繼，而那些不想改變的人就會被孤立。

　　從這裡開始，我們回到羅素（Bertrand Russell）對架構的描述，也就是我們對人力資源策略的目的及其優越性產生信念的地方。人力資源策略的本質是人力資源以及對人力資源策略的信念，設計如下：

- 人力資源是組織最寶貴的資源。人力資源的策略性管理是目前的需要。
- 就文化激勵、工作滿足來說，實現員工的要求會使歸屬和奉獻的感覺長久地保持在員工心中。
- 有助益性的環境之特徵包括健康的氣氛、開放的價觀值、前瞻性、信任、成熟和合作，這些都是發展人力資源時不可或缺的要素。
- 人力資源功能的計畫、監督、整合程序等，對個人和組織皆有裨益。
- 人力資源是大型的潛力儲藏室，可以策略性地發展、利用，並擴大範圍來得到競爭力和傑出的表現。

在 ITC 的信念　　　　　　　　　　　　　　專欄 9-12

　　ITC 的人力資源哲學透過 57 位包含各部門的高階主管、一般主管和董事會發展出來。他們肯定公司的信念：員工是公司最重要的資源。這項聲明明言七個主要的信念和原則來導引人力資源程序。這七個信念是──自我管理資源、潛力、限制、工作生活的品質、實力至上、團隊和實現。

（資料來源：Silvera，1990 年：第 243 頁）

摩托羅拉的信念   專欄 9-13

　　摩托羅拉重視團隊合作，在組織裡努力達成其企業目
標，但它內部和外部激烈競爭的概念，也是全體的矛盾。
但這已經使得最終產品非常優秀，不僅毫無缺點，而且也
有最好的品質。它們符合六個標準差（Six Sigma）的標準
以及零缺點的概念。雖然摩托羅拉用團隊的方式運作，卻
熱切地採用分權式管理。這個方法背後的概念相信高品質
的產品和系統從環境中產生，但高階管理階層的觀念卻大
相逕庭。

（資料來源：Tyson，1997 年：第 139 頁）

摘要

- 組織變革是動態的，人力資源策略也是。在一個完全不同
  的脈絡中，實際的人力資源策略每隔幾年就要重新檢視一
  次，甚至可能要完全放棄。
- 人力資源策略的發展會導致人力資源所有面向的改變，包
  括人力資源的看法、系統、信仰、結構，以及該部門的經
  營期望。這就是變革的架構。
- 人力資源功能的結構和人力資源系統的狀態複雜地連結到
  組織的人力資源策略的各個階段。
- 人力資源策略的成功必須靠它與企業策略之間有效的連
  結。

人力資源策略：變革的架構 步驟程序圖		

第一部份 總論		人力資源策略新興的局面	第一章
		人力資源策略的發展	第二章
第二部分　架構	第一步驟	建立人力資源願景	第三章
	第二步驟	掃瞄環境	第四章
	第三步驟	稽核自身的能耐和資源	第五章
	第四步驟	檢視其他的策略性事業規劃	第六章
	第五步驟	定義個別方針	第七章
	第六步驟	整合行動計畫	第八章
第三部分 變革的程序		變革的架構	第九章
		人力資源策略的重新調整	第十章

10

人力資源策略的重新調整

結果出來了，這是我們每個人的驕傲。困難的工作已經完成，豐盛的果實正等著我們。團體中的成員提議開一個盛大的慶祝會，於是規劃出各種選擇方案，最後決定在 250 公里外的迪烏（Diu）海岸開慶祝會，那是印度獨立前屬於葡萄牙的殖民地。經過很久的車程之後，我們到達目的地。在平靜的海邊，我們盡情地游泳並享受美味的食物。兩天之後，我們又回到工作崗位，各種活動再次以同樣的方式啟動。組織生活的循環必須持續下去，於是我們又再次以同樣的方法定義、執行、檢討、獎賞我們的活動。

重新調整 —— 成功的手段

　　沒有比執行計畫更困難的事，也沒有比開創新事務的秩序是否會成功更值得懷疑的事，更沒有比開創新事務的秩序還要不安的事。商業史上充滿著各式各樣組織成功的範例，但是更多的例子是組織試圖去追隨這些成功的途徑，卻慘遭失敗。沒有組織比有這些經驗的公司更瞭解這個區別——迪士尼的成功故事在娛樂業中眾所周知，印度人造纖維大廠（Reliance Industries）的突然崛起，尤里卡富比士（Eureka Forbes）的 Aquaguard 家喻戶曉，微軟在辦公用具中極富盛名。這些教訓都相當清楚。任何一個組織的成功及效果在於該組織的策略如何被看待、接受、溝通、執行及回顧。以回顧來確認什麼需要重做，檢驗策略並重新驗證，重新巡視既定目標，若有必要，亦可將既定目標廢除，這全部的動作就是我們所說的重新調整。人力資源策略的重新調整是人力資源策略成功與否的一個衡量，它助長一個更精確、更進步的策略。藉著努力重新調整，組織不只能更快地看出結果，也可以更迅速地決定什麼有效、什麼無效。他們知道情況改變得太快，快到讓每個人都不能鬆懈和自滿。

　　我們發現，人力資源策略與相應而生的變革程序失去了他們的重要性，每逢焦點改變，就被迫退出。很多組織努力改變，卻只產生微不足道的結果，這是因為他們專注在活動，而不是結果，沒有有效的連結。雖然人力資源策略的結果緩慢費時，但是其成功與否還是要透過一段時間過後的部分或完整結果來評估。很多人嘲笑這種衡量人力資源策略結果的概念。也許我們不能很精確地衡量它們，但是它們有足夠的衡量效果來決定銷售和利潤，以及我們的營運策略是否有效。「成果導向」的方法提供更大的潛力去改進，因為它們致力於達成具體、可衡量的目標。

策略可能有好有壞。一個好的策略也可能會因為拙劣的執行而失敗，或者，一個粗劣的策略可能會因為技術和有本領的管理者而成功。因此以基本的漏洞來測試和重新調整人力資源策略很有用。接下來的幾點是設計來協助這個程序的，這些項目有時候似乎很基本，但本質上我們相信它們是永久有效，而且是規劃人力資源策略不可避免的基礎。

● 人力資源策略是否清楚地定義和陳述？

　除非策略是眾所皆知、清楚陳述且文件化，否則不可能加以評估。

● 人力資源策略是否和環境的力量相調和？

　沒有人力資源策略是存在於真空的狀態，有許多環境的趨勢和力量都會影響到策略。有一個試驗的方式，就是去檢查人力資源策略考慮外部力量的程度。

● 它有配合能耐和資源嗎？

　換句話說，它可以實施嗎？計畫常見的錯誤是太野心勃勃了，忽視了目前的因素，或期望組織在執行之前，事情就已經發生。一個相關的問題是：人力資源策略是否確認並建立在能耐和資源可得性的基礎上。

● 人力資源策略是否滿足所有的策略夥伴？

　人力資源策略最終應該滿足並提升策略夥伴的價值。它必須考慮是否所有策略夥伴的需求都考量到了。如果沒有，策略就未必能達到想要的目的，即使它是個好策略。

● 人力資源策略是否有適當的時間結構？

　策略應該發展來涵蓋實現它所需的時間。一個以行動計畫做結束，卻沒有結果的策略顯然不足。事實上，策略的問題之一是計畫範圍通常都太長或太短了。

● 這些策略符合公司的文化和結構嗎？

假如策略要求公司採用一個和公司文化完全不同的行動計畫，失敗的機率會很大。結構和策略必須相容，如果公司的結構是設計來完成一個完全不同的策略，那麼，即使是很完整的策略都會招致失敗。因此，很多時候有效的策略執行需要公司改變其結構。

受規定束縛、財務導向的傳統系統已經落伍了，也不適合今日新潮且更為競爭的環境，因為它們只衡量了輸入和輸出。程序中固有的複雜性和價值觀也需要被評估。組織以品質、彈性、可靠性及快速反應來競爭，就需要可以獲取這些能力的績效評估方式。

我們已經發展了一套新的思維來衡量人力資源策略的績效，這使得人力資源策略的價值觀更明顯也更有效率地發展。人力資源策略的績效評估應該根據以下的問題：

人力資源策略的重新調整　　　　　問題討論 10-1

● 我們試著透過人力資源策略來完成什麼？
● 在策略中，什麼是最重要的？
● 我們應該衡量什麼？
● 什麼會隨著人力資源策略變化？
● 誰是「在船上的人」？
● 我們從這裡要到哪裡去？

溝通

當某人記住並稱呼我們的姓名時，我們會有多高興呢！這就是溝通的力量。人力資源策略的成功端賴我們在整個組織中對策略的溝通能力、調度能力，以及灌注需要與尊重的能力。但是，溝通是策略性管理計畫中最容易被忽視的其中一項因素。通常，溝通在組織中被視為理所當然。然而事實上，這項功能是完成事業計畫不可或缺的要素。要求奉獻是一個痛苦的過程，許多組織問題可以追溯到無效的溝通。另一方面，有效的溝通整合了整個組織的願景、價值觀及企業倫理，並加以增強。培養及供給整個組織適當的資訊流通，使得組織可以正常地運作。

組織溝通程序的兩個關鍵是，管理和非管理人員之間資訊的流通，以及取得有關組織質和量的資訊。質的資訊來源有焦點團體、離開面談、績效檢討、「口耳相傳」、意見表及民意調查。量的資訊可由檢測關於勞動力的人力統計資料和變動情形取得。

溝通是一種常見的媒介，結合組織裡的所有人，使我們像是一起在共有的海洋裡游泳。

有四種「溝通媒介」構成一個組織的溝通程序和效能：

- **個人行為** 員工之間個人接觸的質和量。一位同事問我：「你加入哪一個公司？」一家大公司的主管承認：「我很驚訝，因為我自己都不知道我已經被調職了。」這是一個謠言如何在組織中散播的範例，也就是「口耳相傳」的方法。這是很多公司的共同現象。只要資訊是正確傳播，就不會造成傷害。

- **印刷品** 在組織裡流通的印刷品之種類、質和量，包含資訊公告和小冊子、歷史性出版品、年度報告和計畫、內部

商務通訊、政策手冊及備忘錄。

- **視聽教學品**　包括所使用的影片、錄影帶、幻燈片及電子
科技的種類、質和量。

- **內部環境**　組織的「肢體語言」—標誌、佈告欄、照片陳
列、藝術、設備及傢俱的裝飾和品質，以上種種提供給員
工的東西。

這些媒介也傳送「什麼是什麼」和「什麼在組織裡不重要」的訊息。
舉例來說，公司的商務通訊在報導某一事件時，可以用簡潔、實際的字
眼或提供充分詳細的內容給他們的讀者。此外，高品質的設施和高品質
的設備告訴員工，品質對他們來說就像對顧客同樣重要。以這些方法傳
達的資訊增強了員工必須有效表現的知識。

在人力資源策略規劃之後，組織的焦點與關心擺在策略溝通的程
序，這個程序可以界定為支援人力資源既並目標及其後續行動計畫的組
織資源之系統性的延伸、整合與適應。為了確定在組織所有層級中目標
的實際可行性、共同承諾與所有權，溝通程序應該設計為能夠有效分析
機會和問題。這麼做可以確定各層級的員工和步驟結合，並且實現組織
既定的人力資源目標。這裡有關的範例是，溝通在 SAIL 裡主要的變革
工具了。為了在變化的市場情況中發展策略，SAIL 開始了一套大規模
的計畫。1992 年 12 月和 1993 年 1 月，整個組織都安排了研討會，討論
外部的改變和對 SAIL 的衝擊，分析內部的弱點，此外也思考組織需要
什麼策略。諸如此類文件化並廣泛傳閱。舉辦橫跨組織的大型研討會去
發展行動計畫及其執行的細部計畫，這些也文件化了。運用內部用於溝
通的核心團體，讓他們反餽流通的策略產生什麼效果。溝通被用來規劃
或檢討策略，以及導入新策略。溝通提供了一個相當大的優勢。

計畫的單向溝通機制只是強調執行而已，永遠無法給員工所有權的
感覺。雙向充分溝通和接受的計畫較能整合績效目標、方法及預算，將

整個組織連成一連串的控制點和檢查點。舉例來說，達成目標的方法由高階管理人員來選擇，並成為中階管理人員的目標。中階管理人員選擇達成他們目標的方法，而這些方法成為低階員工的目標。

隨著環境的變遷，一個參與成分越來越重的管理方式、更多的溝通、更多的自主權及更多的員工參與，在每天的政策制訂已經成為卓越公司的必要任務了。

讓我們仔細觀察一家公司如何導入整個人力資源功能重整的新概念。一家大型電腦公司的領導人，在面臨產業巨大的挑戰之下，判斷他們必須更改一些主要的人力資源程序。一個從人力資源啟動的團隊被組成，並且立刻著手進行溝通。在人力資源團隊開始運作前，員工耳聞重整是迫在眉梢的事，在某些會議上已經有正式的暗示了。同時人力資源領導人開始和主要策略夥伴以及重要部門的主管做一對一會談。他告知這些重要人員，人力資源的重大變革計畫即將要啟動了。

這個計畫在一場集合眾多資深員工的半日會議中被提出來，由公司總裁主持這場會議。總裁和其他資深經理表示贊成重整，並強調其重要性，傳達他們個人對於變革的熱忱。人力資源團隊到每一個部門去解釋人力資源功能的重新建構，因此，溝通也滲入組織的最低階層。

注意細節和事實讓公司集中焦點，整合策略目標、分配預算支援、建立組織承諾的程序。此外，即將執行的時候，單一部門、跨部會及計畫專門小組結合，迫使各個主管在組織中施展充分的關係。當信心和信任伴隨程序出現時，分享甚廣的想法和策略會越接近組織所需。相反地，延誤的溝通和過度被限制的溝通會減少部門中的信任，導致因溝通歧異而引起的困惑。溝通的舊題材必須捨棄，以期贏得對於新人力資源策略的共同瞭解。當員工從新架構的解釋獲得經驗，舊的訊息開始有了新的意義。

在這裡引用一個類似的範例，就是一個組織裡，大部分的員工無意中聽到管理階層已經決定未來將減少35%的人力。這整個傳聞令人驚訝

溝通　　　　　　　　　　　　　　　　問題討論 10-2

- 是否策略的每一個面向都傳達給所有的員工並和他們溝通？
- 你所屬組織的管理階層是否採用有效的步驟來執行策略，並透過即時、相關的溝通來反映？
- 不同的溝通機制用途為何？
- 溝通的媒介是否協助創造或維持激勵人員達成策略性目標的氣氛？

的部分是，管理階層並未計畫減少人力到這種程度，甚至連區區5%都沒有。調查發現，這個傳聞只是因為一位資深員工強調要從他部門的人開始一項改善35%生產力的計畫。

執行

執行是透過程序整合、計畫發展及個人績效的整合，使策略和政策付諸於實施的系統之運作。人力資源策略的執行仍是管理上最困難的領域之一。成功端賴選擇適當的人力資源策略，並把該策略轉換成實際行動。如果缺少任何一個部分，策略可能就會失敗或是沒有出現應有的效果。

這時很重要的是要認清一個事實，許多人力資源策略失敗不是因為錯誤定義行動計畫，而是因為未確實執行。當我們試著詢問人力資源專家如何運用工具和技術時，他們通常對此不是很清楚。大部分的時候，

人力資源專家所使用的工具和技術是依靠他們的心血來潮和想像力。我們觀察到，那些粗陋但執行起來很有效的小型計畫，比那些執行起來沒有效果的大型且具結構性的計畫更容易成功。舉例來說，一位新主管最近被指派在組織中創造一個全面品質管理（TQM）的程序。這名主管被選擇的原因是因為他過去在別的組織導入了全面品質管理的概念。在他進入公司之後，他馬上開始強迫同事接受一個又一個的理論，拉著他們去研討會和會議，並且提倡一個成功執行全面品質管理的公司在過去十五年已經習以為常的所有程序。這些通往全面品質管理的方法作法太過火，在他的同事之間產生很大的挫折，並且使他們開始逃避這位主管，即使只是基本的全面品質管理程序。

變革在剛開始執行時可能會花費幾個星期到幾個月，甚至幾年的時間。在一個小型的單一文化組織裡進行有限度的重建，可能在新的程序發展之後馬上見效。在有許多事業單位的龐大組織裡，範圍較廣的大規模變革通常需要花費幾年的時間來執行。任何一個程序和策略的導入都需要適當地分段實施。在一段活動期間導入策略會被視為高壓統治。政策的導入會讓員工習慣只作他們分內的工作，而不是指點他們更廣泛的行為議題或策略性手段。若給予一定的指示，這種匆促草率的人力資源策略就會因而變成無效。太晚在組織中導入策略，剝奪了策略的可信度、影響力或與較大的初步變革之關係。

導入新人力資源策略最佳的時間應該是用二到三年來執行初步的變革。組織對於新的初步計畫的熱忱，在這一點通常都會延遲落後。在這個時候，工作應該被重新檢視一次，系統要重新設計，角色需重新定義。新的領導者應該已經被賦予關鍵性的角色。支援的人力資源計畫——遴選、訓練和發展、績效評估和管理——應該也設計完畢，且令人滿意地執行了。

當新的人力資源策略在組織裡執行，有一些任務變得更為明顯：

執行　　　　　　　　　　　　　　　　問題討論 10-3

- 你的組織對設計好的策略之執行其關心程度為何？
- 策略的執行是否有效地在組織的每個層級落實？
- 對所有步驟的有效執行，組織中是否存在支援的程序？
- 執行的程序是一次性的程序，抑或持續進行的程序？

- 組織再造及其衝擊評估
- 把變革推銷給上級管理者
- 支持人力資源人員改變他們的角色，使他們從通才變為專才
- 當人力資源策略對員工來說還很新時，在過渡時期維持管理的重要性
- 以企業的急迫需求平衡內部的人力資源焦點

克服這些挑戰並試著去整合各方面的組織工作是很重要的。

檢討和控制

　　檢討和控制是透過監視組織的活動，使實際結果的整合可以和計畫所預定的結果相比較的程序。人力資源策略規劃與檢討的程序有非常深厚的相互關係。組織想要達成的目標建立在人力資源程序設計規劃的期間，控制系統則權衡從組織的功能性人力資源領域而得的輸出。定期的

策略回顧程序   圖 10-1

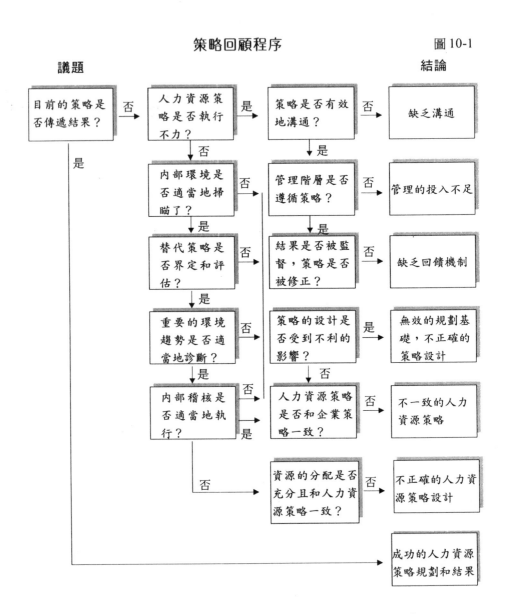

（改寫自：Jeffrey A.， The Strategic Planning Review ，1998 年 7-8
月，第 15 頁）

程序檢討和稽核確保人力資源策略仍強調優先的目標，減少重複的努力，限制沒有附加價值的活動使人力資源程序有效率。

為了有效地檢討和控制，持續取得及納入回饋是很重要的。詳細的進程檢討、程序指標的量度方法和稽核報告確保策略的成功。當輸出與組織的人力資源目標中用於調整的既定目標之比較結果產生時，回饋就發生了。組織中績效評鑑回顧顯示，大部分員工不滿意績效評鑑結束時的評分。管理階層和人力資源部門不論是廢除系統，還是對系統做大幅度的改變，都是很嚴肅地在思考如何對付這個情況。員工評鑑有偏高的對象，因為評鑑者通常傾向於避免對抗的情形。當高階會議討論評鑑的評分時，他們覺得評分過高，因此減少一些員工的評分。這是會議中全體一致的決定，評鑑者被要求分別轉達變更評分的原因給員工。在此之後的調查顯示，評鑑者並不承認這些由高層團隊降低的評分，也不贊成轉達變動後的平分給員工，導致績效管理系統的失敗。

檢討和控制   問題討論 10-4

- 組織中是否存在有效的檢討機制？
- 人力資源策略檢討的頻率為何？
- 在檢討的程序中是否有研討會的存在？
- 什麼是回饋的機制？有必須修正的機制實施嗎？

人力資源策略成功的先決條件

　　沒有任何先決條件就進行溝通和執行人力資源策略，就像試著停住一輛沒有煞車卻又全速前進的車一樣無效，車子的撞毀，只有是時間的問題，所以車況和駕駛人的能力一定要協調。人力資源策略的本質要求我們去注意它的先決條件，任何東西短少了，我們就會開始質疑策略對組織的衝擊和其成功的可能。

　　人力資源策略的成功要依靠下列的原則：

- 高級管理階層的授權和委任
- 人力資源團隊一致的努力
- 存在適當的研討會／高層會議
- 人力資源和企業部門間的關係

投入研發工作　　　　　　　　　　　　　　　　　專欄 10-1

　　3M 便利貼、無痕貼布和修正帶的創意是劃時代的影響。該公司培養、激勵新的創意，支持所有可已變成產品的創新發明。因為高度專注在研發工作，該公司創造的產品是過去從來沒想到過的。公司支持內部的科學家持續研究和發展，並加以補助。

（改寫自：Tyson，1997 年：第 137 頁）

高級管理階層的授權和委任

　　所有成功達成人力資源策略目標的要素中，有一項要素凌駕在所有要素之上─積極的高級管理階層。投入人力資源議題是需要的，但並非如此就足夠。我們觀察到，人力資源功能一般而言在組織中都被給予次等的對待。高級管理階層因此應該給予組織的人力資源策略授權和委任。成功地管理人力資源策略之關鍵在於能夠在心理上投入對員工的信心，管理階層不需要決定如何運作策略的所有細節，需要的是高層管理人員察覺員工的附加價值以及真誠的關係。

高級管理階層的授權和委任　　　　　　　問題討論 10-5

- 高級管理階層是否給予足夠的時間和注意力在人力資源功能上？
- 高級管理階層是否提供足夠的支援給人力資源部門去設計規劃和執行人力資源策略？
  高級管理階層是否給予足夠的資金給員工發展和成長，堅持人力資源應該要有個別的預算？
- 高級管理階層是否確定有能力足夠的人員來執行組織希望的人力資源策略？
- 高級管理階層是否在重要策略性企業決策讓人力資源團隊參與？
- 高級管理階層是否認為人力資源團隊有責任去執行，並無條件支持所有發展程序的活動？

我們在這裡舉一個高階主管投注的範例。當顧問提出最近在他們製藥公司中進行的員工滿意度調查（ESS,employee satisfaction survey）之結果時，讓高階主管感到相當驚訝。員工滿意度調查是定期調查組織健康的。因為評分比可接受的範圍還要低，所以許多部分都證明相當重要。最高執行長很關心這些結果，並建議許多方法來提高滿意度的水準。人力資源主管也是一樣關心，建議透過跨部會專門小組的形成來給予主要的關懷。員工滿意度只有在所有上級主管和他們一樣努力工作時才會增加。最高執行長接著在不同的區域設立五個專門工作小組，指派資深管理團隊的成員去主持及確認團隊成員。

人力資源團隊一致的努力

任何一個軍隊在戰爭時，當它意識到敵軍隱約逼近的危險，並沒有力量可以阻止。但是，如果他們知道會發生什麼事，他們會以精神和魄力，裝配好武器和軍火，給他們機會穩穩前進。

有許多事是沒有回頭機會的。一旦人力資源被策略性地審視之後，人力資源策略的成功發展和執行該策略就需要人力資源團隊的一致努力。策略不能獨自發展或執行，我們必須更加齊心協力，帶領我方在辛苦的戰爭中獲勝。同樣地，人力資源策略的成功需要一個思慮周到的團隊來盡心盡力。組成一個連結員工的核心團體，當每一個指導方針都用來發展人力資源策略時，這些成員有責任實現各種不同的活動。理想上，整個組織的人力資源部門就是一個典型，就像應該結合跨部會的團體來發展和執行人力資源策略。組織的策略夥伴也可以參與來達成所希望的結果。

人力資源團隊一致的努力　　　　　　　問題討論 10-6

- 人力資源團隊總是在前面領導活動的進行嗎？
- 人力資源團隊是否盡全力為人力資源部門取得足夠的資金？
- 人力資源團隊能為部門招募到有能力且適用的人力資源員工嗎？
- 人力資源團隊是否藉著高級管理階層的幫助，透過建立人力資源系統、功能和程序，主動建構及加強人力資源功能？
- 人力資源團隊是否主動傳達人力資源各種措施給員工？

　　某個公司藉著運動會在不同的商業據點舉辦一年一度的家庭聚會，作為年度活動。因為管理者覺得員工的家庭是公司的一份子，除了透過各種管道定期溝通，家庭聚會的活動也被視為員工和管理者之間的黏和力量，這也可以幫助建立員工之間信任和親近的文化。這就是組織長期所希望的。

存在適當的人力資源高層會議

　　組織必須設立包含每一個事業部門資深代表參與的人力資源高層會議。為了提供適當結合營運部門的策略，高層會議會檢討組織人力資源計畫所做的人力資源策略和戰術，這些策略是為了顧客、營運、供應商、品質及組織全部的關鍵事業驅策者而做。會議應該定期舉行，提供

存在適當的人力資源高層會議的　　　　　　　　問題討論 10-7

- 是否有檢討和評估人力資源策略的研討會？
- 研討會是否由各部門的首長組成？
- 研討會是否受到高級管理階層適當的支持和指導？
- 研討會採用何種方法來檢討策略，多久檢討一次？

人力資源策略指導和支持。我們常被問到，人力資源會議的成員是否和正規的高級管理階層團隊的成員相同。這個問題的答案通常是肯定的。問題是倘若如此，既然沒有獨立的人力資源會議，為什麼不在定期高階會議的議程中加入人力資源議題？終究，當人力資源策略與組織整合時，這兩個會議可以結合，但不是一開始就這麼做。人力資源策略的嚴重性和複雜性必須重視，因此，最好還是單獨就人力資源議題來進行的會議比較適當。

人力資源和企業部門間的關係

每一個企業，無論是大是小、或好或壞，都應該要有人力資源策略。每一個人力資源策略都必須與企業結合。這個規則沒有例外，只有程度上的不同。如果你已經告訴員工除了利潤，其他都不重要——文化、訓練、能力培養都不重要——那麼你就不值得擁有人力資源策略去達成這些利益。簡而言之，為什麼人力資源策略不應該考慮企業目標，為什麼企業不應該知道人力資源策略是什麼，並沒有確切的理由？訊息很清楚：「員工」這字眼，若沒有組織就沒有任何意義；如果沒有企業，談組織也沒有任何意義。

人力資源和企業部門間的關係　　　　問題討論 10-8

1. 你認為誰有基本的責任來發展組織內部的人力資源策略？（每一時期請只選擇一個答案）

　　　　　　　　　　　　　　　現在　　　　未來

- 上級主管
- 人力資源專家
- 上級主管和人力資源協力合作
- 資深主管
- 顧問

2. 哪一個因素對你公司的人力資源方法有最大的影響？（請檢閱相關的所有一切）
- 人力資源角色對所有企業運作的支持
- 組織的信仰在長期策略中的利益
- 人力資源系統聚焦於組織的特定需求
- 有經驗的人力資源領導者

3. 你所屬組織的人力資源功能達成下列項目的程度為何？

　　極好 =4，相當好 =3，普通 =2，極差 =1

- 預先處理員工議題
- 發展創新的程序來管理人員
- 扮演建設性的角色來增加激勵
- 作為角色典範來召募／培養人員
- 建立和支持關係網絡
- 將經營的遠景整合到決策裡
- 激勵並重視勞動力的文化多元性

- 展領導人和團隊
- 支持機動性和發展經驗
- 使用技術來管理和支持人力資源策略

4. 選擇和評估下列的能耐需求,在接下來的五年必須用
   其提升人力資源功能的角色來維持你公司的競爭力。
   (1= 最具關鍵性, 2= 具關鍵性, 3= 重要, 4= 不重要)

                     1   2   3   4

- 人力資源管理
- 跨文化的領導技巧
- 經營智慧
- 促進和執行變革
- 跨部會的團隊建立
- 培育和輔導不同文化的個體
- 跨文化溝通
- 多國語文的能力
- 績效管理
- 人力資源資訊系統

將所有問題的分數總和除以 10,得到一個合計分數。
將這個分數與量表相比,用以瞭解狀態。

分析

1. 如果在下列量表中,你現在在極右的範圍,表示人力
   資源策略與組織的經營策略不一致。應該試圖往極左
   的範圍移動,左端表示人力資源策略是以人力資源和
   上級主管協力合作而發展。

上級主管和人力資源 ◄──► 資深主管 ◄──► 人力資源專家 ◄──► 上級主管 ◄──► 顧問

2. 如果組織聚焦於所有事業程序中的人力資源關係，也同意人力資源在員工的發展上扮演協助的角色，那麼，公司會比較願意重視人力資源。

摘要

- 如果員工不知道公司的人力資源策略是什麼，就不足以制訂策略。如果我們沒有檢討的機制來瞭解哪裡出錯，就不足以執行策略。
- 無論我們做什麼，我們都無法獨自進行。人力資源策略的成功要依靠管理階層的奉獻、團隊的努力、具監督性的高層會議，以及人力資源策略是否確實結合到事業上。

第四部份　個案研究

　　在本書前面的三大部分，我們已經探討過人力資源的局面、人力資源策略的發展，以及以人力資源策略為本的變革歷程。到目前為止，我們已經試著讓讀者瞭解人力資源策略的程序。在學習了許多範例和工具之後，我們建議應將先前所學實際應用在組織的情境上。

人力資源策略:變革的架構 步驟程序圖

第一部份 總論	人力資源策略新興的局面	第一章
	人力資源策略的發展	第二章

第二部分 架構	第一步驟	建立人力資源願景	第三章
	第二步驟	掃瞄環境	第四章
	第三步驟	稽核自身的能耐和資源	第五章
	第四步驟	檢視其他的策略性事業規劃	第六章
	第五步驟	定義個別方針	第七章
	第六步驟	整合行動計畫	第八章

第三部分 變革的程序	變革的架構	第九章
	人力資源策略的重新調整	第十章

11

策略的應用

目標

- 瞭解個案研究法

- 如何分析個案和整理其發現

- 如何將人力資源策略發展的歷程應用
  到已知的個案中

前言

　　這一章的基本目的是協助讀者將人力資源策略的發展程序應用到組織。個案研究的方法在學校課程和公司訓練中廣泛受到使用。在簡短地介紹何謂個案研究法以及如何分析個案與達成結論之後，我們將探討產業中的一個獨特案例。

個案研究

　　個案是一篇敘述組織的文章，包含各種因素相關資訊──背景、環境、內部運作、員工、策略和統計資料。這些資訊應該從真實的情況中擷取出來。除了人員的姓名和地點以外，其他的資訊一般而言不會加以改變。個案讓我們能夠模擬並將我們學到的東西應用到真實的情況中。

個案分析

　　喬許(Jauch)和格魯克(Glueck)在《企業政策與策略管理》(Business Policy and Strategic Management) 一書中指出，個案分析有六個步驟：澄清事實、初步分析、正式分析、問題解決、決策制訂、執行。

　　首先你應該仔細閱讀個案，在你覺得重要的地方做記號。再重讀一次個案，並且試著列出主要的機會、威脅、問題等等，推斷出你覺得最適合組織目標的各種方案。你也可以建議組織應該如何執行這些策略。個案內容主要是用來分析組織的一般情況，接著再分析組織內部和外部的人力資源環境。根據這些發現，配合先前章節建議的六個步驟來發展

出合適的人力資源策略。

　　在嘗試分析個案之後，你可能會注意到，雖然各種組織所設計的人力資源策略在性質上必定會有所差異，但是評估程序卻很相似。

個案研究

ABC 能源有限公司

　　在 1998 年 8 月中，ABC 能源有限公司的總裁和高級主管花了很長的時間在思考非油氣成本的縮減和公司未來的成長。自從 9 年前公司開始營運，ABC 將其事業版圖從一個城市擴展到許多城市，並且和許多公司合夥經營，包括合資的方式。最近它被一家試圖在印度建立分公司的跨國公司購併。新的管理階層深信國際市場和開發中國家，尤其是印度，掌握了 ABC 成功的關鍵。雖然如此，他們卻很遲疑下一步該怎麼走。高階管理階層夢想擊敗競爭對手，以成為能源界的領導者。一開始他們透過供應與配送天然瓦斯來進行。

背景

　　ABC 成立於 1989 年，是州政府和一家擁有絲織品、企管顧問和金融服務等業務的私人企業合資而成。股權的分配是州政府擁有15%，該私人公司擁有 47%，其餘則由一般大眾持有。ABC 一開始是配置天然氣輸送管，範圍包含國內一般用戶、工業用戶和商業用戶。有了這些，該公司成為印度第一家此種營運方式的公司。ABC從工業城市開始，接著再拓展到其他城市。天然氣主要來自國營企業，以特定壓力調節後再

行分配。

在1985年的時候，ABC 多角化到液化石油氣（LPG）的平行業務。它首先在兩個城市設立兩個瓶裝廠，然後透過經銷商延伸到國內其他地方，取得了領先地位。進口液化石油氣在這項事業中非常關鍵，公司因而與主要的石油公司合作，並在港口的接收站進行一些基礎設施的建設。為了符合對瓦斯度量表和其他相關設備的需求，它和一家跨國公司合資，並建立一個工程隊。從只有15位員工，公司成長到615位員工，並達到 1 億 4500 萬盧比的營業額。

管理哲學和策略

ABC在它的願景聲明書中確認了五種特殊的策略夥伴，而這份願景聲明書是在內部員工的共識下完成的。其內容清楚地描述了公司對每一個策略夥伴的義務。管理當局已經根據經營環境和內部資源，為公司規劃了長期的事業策略，並發展出使命聲明書，闡明公司在近期內想達成的目標，分享的價值觀與經營原則。

管理階層對整個公司、各事業部以及服務群採行長期的策略性規劃程序。管理階層一開始就強調規劃的概念，因此發展出一種深度規劃的組織文化，直到個別層級為止。

管理階層和組織結構

管理部門採用一種參與式的經營程序。大部分的決策在委員會中提出和決定，而任務小組會在組織中正式成立。層級結構有三種不同的幹部：管理職位、監督職位與幕僚職位，共 11 個不同的層級。

組織結構包括不同的策略性事業單位（SBU）和共享的服務群。策略性事業單位是獨立的利潤中心，而服務群則提供共享的支援服務給事業單位以及其他服務群。

組織結構——骨幹／層級　　　　　　　　　　表 11-1

骨幹	層級	稱呼
管理人員	K-1	副總裁
	K-2	事業部總經理
	K-3	協理
	K-4	經理
	K-5	副理
	K-6	襄理
監督人員	T-1	高級專員／工程師
	T-2	專員／工程師
幕僚人員	B-1	資深助理(技術／非技術)
	B-2	助理（技術／非技術）
	B-3	新進助理

策略性事業單位

　　策略性事業單位會擬定五年期的策略性事業計畫（SBP）來推動諸如行銷、財務和作業等大方向的子策略，他們也會試圖提出這些策略中的基本議題，服務群也會試著擬定內部的長期計畫。結合所有的策略性事業計畫就形成公司的策略性計畫。擬定這些策略性事業計畫的程序在性質上有高度的參與性，因為會由每一個事業群和服務群內部的小型團隊提出。這些小型的團隊會去吸收單位與部門內大量員工的意見。接

組織設計

表 11-2

服務群	天然氣事業部	液化石油氣	人力資源	資訊科技	管理服務	健康安全和環保	財務和會計
人力資源			▓				
資訊科技				▓			
管理服務					▓		
健康安全和環保						▓	
財物和會計							▓

著，策略性事業計畫的頭一年會變成標的，並且爲各個事業群與服務群
以及整個公司編列預算。

財務狀況和預算結果

　　該組織的財務狀況已經保持一段時間的穩定，且保有很多現金。爲
了維持高度成長，該組織主要的投資計畫在1996-97年間進行，導致了
高額的資本支出和大量的折舊。考慮這些的話，公司的淨利有往下走的
趨勢。不過，現金收入還是維持成長的情況。四年的財務結果摘要見下
表。

財務表現			（百萬盧比）	表11-3
	1995-96	1996-97	1997-98	1998-99
銷售額	70	100	120	162
營運成本	26	35	42	56
稅前息前淨利	44	65	87	106
利息、稅和折舊	16	20	56	73
淨利	28	45	31	33

人力資源功能

公司以分權的形式來管理人力資源功能。公司有中央層級的人力資源部門，事業部以及服務群則扮演維持人力資源功能的角色。人力資源部門包含人力資源專家和支援幕僚。公司的人力資源部門掌管人力資源系統與政策，並規劃行動計畫。維持性的人力資源功能落在基層經銷點，負責處理例行的人力資源事務，譬如時間記錄、薪資管理、促進人力資源政策的執行等等。公司的人力資源主要是針對各種人力資源議題發展組織的共識。至於員工關係、法規的遵守、抱怨的處理等等，則由各經銷點的人力資源部門負責處理。公司的人力資源也負責核心的訓練功能，並且依此提供起必要的基礎設施。負責管理和監督職位的人力資源專家團隊由主修勞工福利和社會福利的專家組成。

人力資源實務和系統

ABC從創立以來即已強調員工的訓練和發展。當公司開始進行天然氣的配銷業務時，這項技術對整個產業來說還是很新穎，因此很難在市場上找到業務所需的技術性員工。天然氣的供應需要高度的安全性，並確保持續的供應。只有在服務人員和技術員工足以掌握技術和服務的相關議題下，這個承諾才有可能實現。公司發現這些缺陷，並且在擁有大部分業務的工業城中心建立了具備必要設施的訓練中心，並由適當的人員加以管理。一連串的訓練透過內部和外部的訓練人員授予技術和非技術的領域。

1991年的末期，公司覺得訓練不夠充分——在組織內部需要推動人力資源的其他措施。為了建立各種人力資源系統，公司組成了人力資源部門，由行銷部門的最高主管擔綱。部門招募足量的成員，並根據這些員工的回饋，進而在組織中推動各種人力資源系統，包括強調開放的評鑑程序之績效管理系統、訓練系統、內部溝通系統、獎勵和褒揚、招募

和遴選、激勵等等。員工議題開始以非常具前瞻性的方式掌控。最高層
的人力資源委員會則負責人力資源政策及其相關議題。

　　組織定期取得員工的回饋,包括組織健康和員工滿意度等資訊。過
去兩年的回饋調查結果,對於組織如何在這方面求表現,提供了深入的
瞭解。下圖顯示調查的結果。

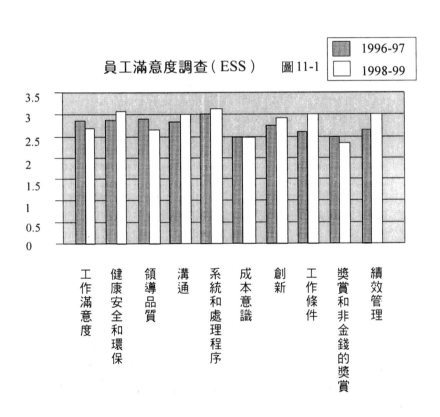

員工滿意度調查(ESS) 　圖11-1

摘錄：   範例 11-1

（摘錄自《員工人力資源政策入門及程序手冊》）

　　親愛的員工們，

　　我謹利用這個機會表達我衷心歡迎你們加入 ABC 公司的竭誠之意。我確信，這將是你和 ABC 互益關係的開始。我個人將繼續努力與所有同仁保持同樣緊密的互動和溝通。在過去，我們的員工透過持續的奮鬥和努力，已經使公司成為產業中最好和最具競爭力的公司。今後我們將不時地更新政策，以確保永續的社會公益以及公司和員工的互惠利益，使公司能跟上現代的趨勢和哲學觀，讓ABC和員工的關係更加協調。

　　祝萬事如意

　　　　　　　　　　　　　　　　　　　　　執行長敬上

　　ABC一直享有優良的產業關係和高度員工士氣與忠誠度的聲譽。組織裡沒有工會，而且要求各地的人力資源部門將員工的議題呈報高層人力資源委員會，以尋求解決。公司的薪資水準比照產業的普遍水準。ABC還提供各種福利，包括與健康和安全相關的配套措施。此外，公司鼓勵員工在容許範圍的彈性工作時間接受自我發展的各種訓練。公司每年的年假、病假、休假等規定都是產業中最好的待遇。然而，最近一連串的問題卻逐漸浮現。

　　薪資的議題逐漸變成組織關心的新領域，這顯然是更嚴重的員工士

氣問題的明顯徵兆，而這個問題主要是以管理階層的不信任表達出來。其中一些問題與員工對於飯碗的疑慮有關，因為進連來管理當局的焦點改變了，開始放棄與天然氣無關的活動，只把焦點放在天然氣的經營。ABC對於剛從大學管理學院畢業的新鮮人很有吸引力，但是在過去一年卻凍結了所有招募新人的活動，這導致管理學院的畢業生改變了對ABC的印象。

現在的情況和人力資源的觀點

天然氣配銷事業的經營在性質上一直是獨佔的市場，然而，ABC過去總是專注在顧客滿意度上。但漸漸地，可取得的天然氣供應量不足以用來擴張事業版圖，而擴張卻是組織成長的基本要件。經過一段時間之後，經常性支出因為各種因素而攀升。隨著市場經濟的開放和大型多國籍企業的加入，這塊領域的競爭似乎越來越激烈。許多組織已經在印度建立它們自己的據點，並且也和印度本土的公司合作，在天然氣的配銷上，和液化石油氣一樣，扮演舉足輕重的角色。這種情形確實會讓ABC往後的日子比以前獨占市場時的情形更為艱苦。天然氣銷售和服務之利潤因為競爭和替代性燃料的出現而日益下降，這會直接影響到組織未來幾年的盈虧。

組織中新的帶頭者在天然氣的營運方面有非常豐富的經驗，但是對經營天然氣以外的業務興趣缺缺。新帶頭者的做法會成為影響ABC未來發展的決定性因素。新帶頭者在很多領域有較高的水準，像是員工生產力、作業和維修。這些標準在現階段對ABC來說，都尚未充分開發。這或許可以保證整個作業的性質會有新的思維和改變。但因為ABC在創業九年之後，已經達到很穩定的狀態，很多制度也通過時間的考驗，在這個關鍵時刻似乎很難進行實際的改善。

人力資源團隊 範例 11-2

　　拉姜（Rajan）是一個在 ABC 工作了三年的年輕人力資源專員。他是 ABC 直接從管理學校挑選出來的儲備幹部，因為當時的人力資源主管相信「從頭培養」的哲學。拉姜努力奉獻給 ABC，並且也有足夠的能力去完成工作。他是一位稱職的人力資源專員，也是 ABC 公司的佼佼者之一。同事們都尊敬他，這一點使他能與部門中的人員和睦相處。公司其他的員工也很喜歡他，他們知道他們可以相信他所說的話。

　　最近拉姜的上司，人力資源團隊的創始人之一，跳槽到提供優渥薪水的競爭對手的公司。這對拉姜來說是個很好的機會，於是拉姜被選為替補人選。這是他一直很希望達成卻無法達成的目標。當他得到這個職位之後，拉姜開始填補前任主管立意良善卻執行不良的漏洞。拉姜很快地強化了人力資源的功能，建立其團隊的能力，並且使他們更具競爭力。他在高階管理階層的心目中替人力資源功能創造了一定的地位。自從他接任這個職位之後，他的成績有目共睹，並且被視為具有能耐的人力資源專家。

程序 問題討論 11-1

- 指出公司目前面臨的策略性問題。
- 從人力資源觀點分析並診斷環境因子與內部因子。
- 提出人力資源系統的策略性替代方案及選擇。

- 評估人力資源目前的狀態，設定一個三至五年的目標。
- 界定一個詳述主要資源需求、人力資源政策、組織設計與人力資源專家能耐的行動計畫。
- 為組織接下來的五年界定一個全盤的人力資源策略。
- 公司目前的策略性事業計畫中，在提出人力資源議題時，哪些方面需要加以考量？

議題　　　　　　　　　　　　　　　　　問題討論 11-2

- 該公司應採取何種薪酬策略？
- 你建議採取何種行動計畫來改善員工滿意度調查？
- 在新的經營環境之下，你認為何種態度的改變是主要的阻礙？
- 高級管理階層應該為整個組織採用何種溝通政策？
- 該公司需要建立何種控制機制？
- 該公司是否需要結構上的變革？
- 該公司需要何種文化上的變革？
- 簡述該公司如何執行你所界定的策略？
- 該公司必須應付何種內部環境的威脅？

　　現在很重要的是，你要試著為你所屬的組織採用類似的人力資源策略發展程序，使尋求卓越的美夢得以成真。

附錄一

人力資源環境調查

　　本調查的目的在於確定你所屬的組織中人力資源環境發展的程度。所有的答案匯集起來就可以勾勒出發展氣候的輪廓，這可以作為組織中人力資源實務變革的基礎。下面的陳述語句描述人力資源的環境，請針對你所屬的組織，依循下列五的等級個等級，評估每一個陳述語句的真實性：

5＝幾乎都同意　　4＝大部分都同意

3＝有時候同意　　2＝極少同意

1＝幾乎都不同意

- 高階管理階層相信人員是最重要的資源，而且必須好好對待。
- 人事政策能促進員工的發展。
- 高階管理階層樂於投資可觀的時間和其他資源來確保員工的發展。
- 組織的主管會主動關心其部屬，並幫助他們學習自己的工作。
- 幫助缺乏技術的員工學習所需能耐，而不是置之不管。
- 組織裡的人員會互相幫助。
- 當員工和主管討論人事問題時，不會吞吞吐吐不敢說。
- 管理者和主管會引導他們的部屬，並且為他們未來的責任／角色做好準備。

- 升遷的決定會根據候選人的適合度，而不是上級的喜好。
- 當員工表現良好時，其主管會給予特別的褒獎以示賞識。
- 績效評鑑報告會根據客觀的評估和適當的資訊，而不是上級的喜好。
- 會鼓勵員工去實驗新的方法和創意。
- 當員工犯錯時，主管會以同理心對待，並且幫助他從中學習。
- 會以不具威脅的方式和員工溝通他的缺點。
- 員工會嚴肅地看待行為上的回饋，並且使用回饋來幫助自己發展。
- 員工會盡力從主管或同事身上來發現自己的優點和缺點。
- 當員工被派去受訓時，他們會認真地看待訓練，並試著從參加的課程中學習。
- 員工受完訓練之後，組織會給予機會來實習他們所學的東西。
- 員工在組織裡互相信任。
- 員工在主管面前不會害怕表達或討論自己的感覺。
- 主管在部屬面前不會害怕表達或討論自己的感覺。
- 會鼓勵員工自動自發性地做事，而不是等待主管的指示。
- 授權是相當普遍的現象：鼓勵部屬去發展技能，以承擔更多的責任。
- 當上司授權給部屬時，部屬會視為發展的機會。
- 組織有高度的團隊精神。
- 員工會公開討論問題，並且試著去解決，而不是閒言閒語，互相指責。
- 組織的高階主管會向部屬指出職涯發展的機會。
- 未來的計畫會讓所有管理人員知道，以協助他們培養其部

屬。

● 組織內的工作輪調能促進員工發展。

分析

這些項目可以分成幾類，諸如對人力資源功能的重視程度、人事政策，以及組織對於員工發展、開放度、信任度、自主性等等的整體作法。人力資源的項目反映了人力資源機制被認真執行的程度。

每一個項目的分數在 1.0 到 5.0 之間。3.0 左右的分數是平均水準的人力資源環境。平均分數在 2.0 左右是差勁的人力資源環境，平均分數在 4.0 左右的組織擁有良好的人力資源環境。

附錄二

員工滿意度──組織發展矩陣

這個習作的目的是要確定員工滿意度與組織發展的程度。

第一部分

請使用以下評分尺度來打分數：

5＝非常同意	4＝同意
3＝有點同意	2＝不太同意
1＝非常不同意	0＝不予回答

1.成就動機

- 工作的效率和品質在我的組織中會受到重視與欣賞。
- 我的工作具有挑戰性。
- 組織中有工作保障。
- 在組織中，我受到激勵全力以赴。
- 我可以從直屬主管身上得到必要的支持。
- 我的績效不會因部門內其他成員的績效成長而受到阻礙。

2.變革和創新

- 我視所有業務上的改變為成長機會。
- 我的組織在執行變革之前會先進行規劃。

● 我的組織鼓勵創新和創造力。

● 在組織中，我們可以發掘新的方法來解決問題。

● 在組織中，我們欣然接受改變。

● 在組織中，我們能夠適應改變。

● 我的部門／團隊可以有效地處理任何與業務相關的變革。

3.溝通和知覺

● 我知道組織的使命。

● 我知道組織未來的成長計畫／預算。

● 我被告知跟我有關的政策與實務上的變革。

● 我的上司提供我所有必要的相關資訊，讓我能有效能／有效率地執行我的工作。

● 我被告知關於組織的競爭情況／競爭者。

● 我可以和任何人輕鬆地溝通。

● 我會透過謠言（非正式管道）得到比正式溝通管道更多的資訊。

● 部門會議的召開有目的、議程和時間限制。

4.顧客滿意度

● 我們瞭解組織的顧客之需求和要求。

● 顧客抱怨時，我們會立即處理。

● 組織在評估顧客期望方面有持續的改善。

● 組織重視給予顧客「貨真價實」的感覺。

● 組織對待顧客的方式讓他們覺得受尊重。

● 我的組織相信應盡力使內部顧客感到滿意／快樂。

● 我的組織提供有品質的服務給顧客。

- 我可以輕鬆直接地和公司溝通顧客的意見。
- 相關部門以團隊的方式來服務顧客。
- 我的組織鼓勵我採取能讓顧客滿意的決策。

5.決策制訂和員工參與

- 我可以參與跟我的工作有關的決策。
- 規定和管制在組織中公平地運作。
- 我有適當的工作職權。
- 我的組織有救急的策略。
- 組織中對於制訂決策的資料收集和分析是有需要時才進行。
- 我的組織在解決問題方面採取官僚的作法。
- 我的組織能夠接受員工的建議。

6.員工發展

- 我的組織強調且提供員工所需的訓練和發展，期使員工有更好的表現。
- 我的組織會提供機會給員工學習新的及不同的工作。
- 我發現組織提供的訓練跟我的工作相關。
- 到目前為止，我滿意我所接受的訓練之品質。
- 我的組織有系統地對員工施予教育訓練和專業發展。
- 組織利用員工內在的資源（知識、技能、動機）來提升績效和發展。

7.領導風格和效能

- 我對上司的能力有信心。
- 我可以自由地和上司討論工作上的問題。
- 高階管理階層有能力解決營運和組織的問題。

- 高階管理階層能精確地預測和組織有關的環境趨勢，並採取有效的措施。
- 我的上司期望我盡我所能。
- 我的上司對於我達成目標幫了很多忙。
- 當我覺得有必要時，我可以接觸到高階管理階層。
- 我的上司相信授權，並加以實踐。

8.激勵——金錢和非金錢的獎勵

- 組織中的獎勵制度公平公正。
- 組織的薪水和津貼相較於本地區的其他組織是較優渥的。
- 我覺得我在公司的表現得到適當的獎賞。
- 我滿意我在這個組織中的職涯。
- 我可以在這個組織中達到未來的職涯目標。
- 由組織內部產生候選人來填補較高職位的空缺。
- 組織的升遷政策公平公正。
- 我得到的薪酬和我現在的職責相稱。
- 組織的員工福利制度良好。

9.關係

- 管理階層與員工的關係之特徵是信任、合作和互惠。
- 在我們的組織中，管理階層與員工的關係是真誠和正面的。
- 我和一起工作的人相處愉快。
- 我的委屈有人傾聽和理睬。
- 我的上司會向我解釋我的工作如何對部門和組織有所貢獻。

10.安全和健康

- 我的組織關心員工的安全和健康。
- 我的組織關心顧客的安全。
- 工作環境的設計顧及員工可能受到的潛在危險。
- 我的組織會教育員工關於安全和意外防範。
- 組織厲行關於安全和意外防範的規定。

11.工作條件

- 在物質的工作條件方面，公司提供所有我需要的設施來讓我的工作做得更好。
- 在基礎設施方面，公司提供我所需要的所有設備和資源來讓我的工作做得更好。

12.工作滿意度

- 我把時間花在必要及有生產力的工作上。
- 我滿意組織對於工作的安排方式。
- 我所屬的部門中每個人都努力地從事其工作。
- 我的組織中有工作分配不均的現象。
- 我喜歡我的工作，並且以我的工作為榮。
- 我認為我的組織是個專業化的組織，並且以替我的組織工作為榮。

13.成本

- 組織裡的員工普遍具有成本觀念。
- 大家盡力避免組織中金錢和非金錢資源的浪費。
- 大家盡力使資源的利用能夠最大化。

14.團隊工作

- 我們團隊中的成員彼此坦白相對。
- 我很清楚我們團隊的目標。
- 我們部門和其他部門之間是誠摯且相互瞭解的。
- 我的同事相信，團隊的利益在個人的利益之上。
- 團隊的成員均致力於團隊的目標。
- 當團隊開會時，團隊的成員會互相傾聽。
- 我對於我的團隊有歸屬感。
- 我們的團隊對於所有議題均能有系統有方法地加以解決。
- 我們的團隊成員勇於持續地更新和提升自己。
- 我們的團隊成員會在會議前進行規劃和準備。
- 我們團隊中的每個成員都努力讓我們的團隊變成勝利的團隊。
- 我的團隊鼓勵並欣然接受建設性的評論。
- 我的團隊會產生新的點子來改善績效和增加生產力。

15.績效管理

- 我滿意現在的績效評鑑制度。
- 我的上司讓我參與我的績效規劃。
- 我能定期從上司那邊得到績效的回饋。
- 有充分的時間績效檢討的討論。
- 程序的執行者在程序中扮演有效的角色。
- 我會主動規劃及檢討我的績效。

16.系統和程序

- 人力資源政策和其他政策在我的組織中擬訂得很好。

- 我的組織在所有的作業領域都有定義良好的系統和程序。
- 決策會及時執行。
- 系統和程序會緊密配合所有管理上的決策。
- 所有重要的政策和程序會定期更新。
- 我們努力創造使用者方便的系統和程序。

第二部分

我們感謝您對下列問題的直率意見：

- 我們組織裡三個最重要的優勢。
- 我們組織裡三個最大的劣勢。
- 你覺得在這個組織裡工作得很快樂的三個理由。
- 為了增加員工的滿意度，請提供三個建議。
- 哪三個因素／理由使你覺得不快樂／挫折。
- 在接下來的三年內，你期望有哪三個重大的變革。

分析

這十六個要素與員工滿意度和組織發展因素有關。 15,6,7,8,9,12,15 等要素決定員工滿意的程度，2,3,4,10,11,13,14;16 等要素則顯示組織發展程序存在該組織的程度。根據每一個要素涵蓋之問題的分數平均之後，每一個要素的分數範圍從 1.0 到 5.0。通常，滿意度指標為 2.8 是一個可接受的分數，超過 2.8 顯示員工滿意度普遍良好。對於任何一個要素，分數少於2.8顯示組織有待改善的部分。分數低於2.4是個警訊，組織必須立即採取行動。「員工滿意度──組織發展矩陣」可以根據員工

滿意度和員工發展的平均分數來畫出。

第二部分是一個質化的領域，對於組織的優勢和劣勢提供深入的瞭解，並顯示員工對工作滿意度和組織發展水準的全盤性看法。

附錄三

人力資源能耐稽核

下列清單是用來評估組織裡的人員執行人力資源功能的人力資源能力。

5：具備豐富的人力資源能耐

4：具備足夠的人力資源能耐

3：具備這項能耐，但是需要再加強

2：需要持續培養這項能耐

1：沒有這項能耐，需要開始培養

人力資源的專業知識

1	人力資源的哲學、政策、實務和系統等知識	
2	績效評鑑系統和實務的知識	
3	職涯規劃和發展系統與實務	
4	組織診斷和介入措施等知識	
5	學習理論的知識	
6	訓練理論和系統的知識	
7	組織結構及其如何運作的知識	
8	部門的動態變化和部門的功能等知識	

9	連結組織目標、計畫、政策、策略、結構、技術、系統、人員管理系統、管理風格等等的知識	
10	組織中權力的動態變化和建立網絡等知識	
11	組織的計畫、人力和對能耐的要求	
12	社會科學研究方法的知識	
13	工作分析、工作豐富化、工作再設計和工作評估等知識	
14	人力規劃的方法	
15	角色分析技術的知識	
16	員工關係實務的知識	
17	對於獎賞之角色的知識	
18	行為矯正和態度改變之方法論等知識	
19	品管圈的知識	
20	管理系統最新發展的知識	
21	人格理論和衡量等知識	
22	對個人效能與管理效能的瞭解	
23	人際關係和影響人際關係的因素等知識	
24	組織健康和調查方法的知識	
25	衡量人類行為的工具等知識	
26	個人成長及其方法的知識	
27	轉向策略的知識	
28	創造力和問題解決技術的知識	

29	衝突管理技術和策略的知識	

人力資源的技術

1	影響高階管理階層(溝通、說服、肯定、啓發,以及其他影響上級所需的技術)	
2	影響直屬主管所需的技術	
3	清楚表達人力資源發展的哲學和價值觀	
4	設計人力資源發展系統計畫時所需的技術	
5	溝通技術:書面(可以溝通看法、意見、觀察、建議等等,明顯地造成影響)	
6	溝通技術:口語	
7	監督人力資源系統執行成效的技術(設計問卷、收集資料、提供回饋和說服)	
8	人際關係的敏感度	
9	提供和接收回饋的能力	
10	諮商的技巧(聆聽、和睦的建立、探索和深入調查)	
11	衝突管理的技術	
12	啓發人員,觸動其價值觀和重要目標的能力	
13	領導力和主動性	
14	創造力	
15	解決問題的技術	

16	系統設計的技術	
17	任務分析／工作分析的技術	
18	組織診斷的技術	
19	程序觀察和程序敏感度的技術	

個人的態度和價值觀

1	心領神會和善解人意	
2	對於別人抱持正面和幫助的態度	
3	信任別人及其能耐	
4	內省的態度	
5	開放（能接受他人的建議，並能以開闊的心胸表達自己的看法）	
6	人際間的信任	
7	主動積極	
8	尊重他人	
9	有自信，並且信任自己的能耐	
10	有責任感	
11	正義感（不斷要求客觀，抗拒受印象影響）	
12	自我要求（希望樹立典範）	
13	誠實（希望成為正直誠實的人）	

14	樂於實驗	
15	學習導向	
16	願意把每一個經驗當成學習的機會	
17	不屈不撓	
18	具有工作動機（希望參與組織，更努力地為組織做事）	
19	具有為了更大的目標而努力的態度	
20	授權的態度（一種尊重他人的傾向，樂於授權予他人而不會過於在乎個人的權力基礎）	
21	能容忍壓力（可以應付壓力、挫折、敵意和猜疑的態度）	

分析

　　這三個部分——人力資源的專業知識、人力資源的技術，以及個人的態度和價值觀——真實地描述人力資源人員的能力。每一項因素的評分從最有能耐的5分到毫無能耐的1分，得分可以顯示出我們對人力資源的能力處於何種程度。一個人力資源專家的能耐是透過對他對人力資源功能的知識水準、利用技術的能力，以及個人的態度和價值觀來決定的。

附錄四

評鑑計分法

試利用下列計分表來評估組織的系統，並根據你的評分來給分。

組織結構系統

分數	描述
10 9	每年都會對照企業規劃來檢視組織結構。組織結構在企業生命週期裡的所有階段，都會保持動態。
8 7 6	組織結構是在高階管理階層確認企業風險之後再來檢視。選定的經理人會參與這個程序。
5 4 3	組織結構是依管理階層的要求而檢視。組織結構的檢視有文件化的系統。
2 1	組織結構在營運出現狀況時才來檢視。組織結構的議題沒有文件化的系統。

人力資源規劃和招募系統

分數	描述
10	根據五年的事業計畫而有五年的人力計畫。這個人力計畫每六個月檢視一次，並且重新調整。在工作輪調、工作豐富化、工作擴大化等方面有文件化的系統，以促進人力資源適當的利用。
9	
8	個人的需求被加以確認、文件化和滿足，以確保人力資源適當的利用，並配合經營層次上的結構性變革。
7	
6	
5	根據企業需求和部門領導人對某年的工作量之評估來確保人力的利用程度。
4	
3	
2	人力的利用程度是由反應部門層次上的危機來確定。
1	

角色分析系統

分數	描述
10	工作／角色會加以確認／重新調整與評估，工作內容每年更新。相關員工會根據新的發展和調整加以教育。
9	

8	工作／角色在新領域的模糊地帶會預先確認並定期檢視，以
7	期有效的運作。根據員工的回饋來採取行動，而回饋會透過
6	定期性的正式回饋機制取得。
5	
4	指定的工作／角色和責任會加以文件化，並傳達給所有員
3	工。
2	工作／角色是透過工作經驗來設計。沒有文件化的工作／
1	角色剖析。

績效管理系統

分數	描述
10	績效管理系統每三年依產業界的佼佼者進行標竿設定並且調
9	整為適合營運的要求。
8	績效管理與獎勵、褒揚、個人的職涯成長連結。員工可以
7	參與每年的規劃和檢視他們的績效，並且定期根據員工的
6	回饋來檢視員工。
5	
4	績效管理的執行和預算一致。有為全部員工的文件化系
3	統。

2	績效管理未進行規劃。沒有文件化系統。
1	

薪酬系統

分數	描述
10	薪酬和獎勵依循策略性計畫,並且直接和個人、部門、整個
9	公司的績效參數連結。
8	薪酬和獎勵是促進生產力的工具。員工的成就透過建立的溝
7	通媒介來突顯。
6	
5	薪酬和獎勵會依循該地理區域的產業標準,並且以定期從員
4	工回饋機制收集到的回饋資料為依據。
3	
2	薪酬和獎勵是根據特殊的標準。沒有文件化系統。
1	

津貼和福利福利、獎賞和褒揚系統

分數	描述
10 9	獎賞和褒揚直接連結到整體的企業績效，並且和個人、團隊、部門的績效管理有關。將這個影響傳達給員工。
8 7 6	獎賞和褒揚根據對事不對人的原則，用來保留公司內部的主要技術，並且定期根據員工的回饋進行檢視。
5 4 3	獎賞和褒揚以及津貼方案以文件化系統來執行，而津貼方案在該地理區域中受產業驅策。
2 1	獎賞和褒揚會根據員工的表現。沒有文件化系統來決定獎賞和褒揚。

訓練系統

分數	描述
10 9	持續訓練是所有層級的工作要求，並且直接運用到個人的工作上。鼓勵員工將訓練的成果運用到日常工作中。

8	遴選和訓練有相關潛力的員工成為各功能領域的訓練者。根
7	據對能耐的要求,進行持續的工作訓練。在所有功能領域均
6	有相關的專業訓練。
5	所有員工均接受例行的職務訓練和行為訓練。已經為所有關
4	鍵的營運技能開發訓練基準。
3	
2	所有員工均接受某種功能性訓練,作為就任程序的一部份。
	針對選定的個人施予現場的非正式訓練。大部分的訓練都是
1	在職訓練。

職涯規劃和接替規劃系統

分數	描述
10	對於升遷、潛力評鑑、職涯規劃和接替規劃都有定義良好、
	連結良好和文件化的系統。員工知道這些系統及其的關連
9	性。
8	確認員工的水平向貢獻,並給予相對應的獎賞。鼓勵員工作
7	出水平向的貢獻。提供給所有員工適當的指引和成長機會。
6	

5	
4	對於視為骨幹的員工會有文件化的職涯規劃系統。
3	
2	對於升遷、潛力評鑑、職涯規劃和接替規劃沒有系統化的方
1	法。

內部的溝通系統

分數	描述
10	充分告知所有員工有直接關連的議題。
9	
8	藉由業務通訊、商務雜誌、參與會議等方式，員工可以參與
7	改善公司內部的溝通。透過結構化的員工回饋機制定期檢視
6	溝通的效率。
5	
4	會根據溝通的形式和數量以及運作方式來決定溝通的媒介。
3	
2	溝通零星且不正式。沒有文件化的溝通系統。
1	

創新和參與的程序系統

分數	描述
10	透過融入、立即的獎勵和詳細的溝通等方式,在所有層級上
9	鼓勵參與和創新。有制度化的非正式活動來孕育這種氣氛。
8	持續教育員工,以鼓勵他們創新並提出針對部門和公司的適
7	
6	當議題。
5	
4	定期要求員工確認應參與和創新的範圍。
3	
2	參與和創新很少,有需要時才進行。
1	

健康和安全系統

分數	描述
10	員工會主動地發現、溝通、提出及解決工作實務中產生的
9	健康和安全議題。

8	
7	關於工作實務中產生的健康和安全議題，員工會以事先規劃好的方式參與產生察覺的歷程。
6	
5	確保員工遵守法律條文和工作規範。鼓勵從各個功能性部門所選出的員工擔任在工作實務中產生的健康和安全議題之訓練者。
4	
3	
2	員工不知道在工作實務中產生的健康和安全議題。
1	

工作環境

分數	描述
10	每年實施人力資源盤點檢討，並將結果告知相關的策略夥伴，諸如投資人、員工等等。員工均被充分告知關於員工的管理指示和人力資源政策。
9	
8	在人力資源相關訊息的大量溝通上，員工定期以指導員的身分參與。以員工的回饋作為改善工作環境的依據。
7	
6	

5	根據產業標準和法律修正案來更新對員工的管理指示和人力資源政策。遵守相關的法律規定。員工從文件化的人力資源政策知道他們法定的權利。
4	
3	
2	員工的管理指示和人力資源政策有良好的定義,但是沒有進行適當的溝通。
1	

分析

　　評分採10分制來評鑑目前的人力資源系統及其次系統的水準。1分或2分表示人力資源系統的本質是被動回應。3分4或5分表示由遵守相關的法律規定所驅策的變化程度。6分,7或8分顯示風險管理的觀念,而9分或10分表示持續改善人力資源系統及其次系統。分數代表現階段的情況,這將有助於組織規劃未來幾年的方向。根據改善計畫,可以再次利用同樣的方式來決定系統已經到達何種階段。

人力資源策略

原著 / Ashok Chanda · Shilpa Kabra

譯者 / 李茂興·林宜君

出版者 / 弘智文化事業有限公司

登記證 / 局版台業字第 6263 號

地址 / 台北市丹陽街 39 號 1 樓

E-mail:hurngchi@ms39.hinet.net

電話 / (02) 23959178 · 0936-252-817

傳真 / (02) 23959913

郵政劃撥 / 19467647　　戶名：馮玉蘭

發行人 / 邱一文

總經銷 / 旭昇圖書有限公司

地址 / 台北縣中和市中山路二段 352 號 2 樓

電話 / (02) 2245-1480

傳真 / (02) 2245-1479

製版 / 信利印製有限公司

版次 / 2003 年 7 月出版一刷

定價 / 新台幣 390 元

ISBN 957-0453-66-4（平裝）

國家圖書館出版品預行編目資料

人力資源策略 / Ashok Chanda, Shilpa Kabra
　著 ; 李茂興, 林宜君譯. -- 初版. -- 臺北
市 : 弘智文化, 2002〔民 91〕
　面 ; 公分
譯自 : Human resource strategy :
barchitecture for change
　ISBN 957-0453-66-4（平裝）

1．人事管理 2．人力資源 - 管理

494.3　　　　　　　　　　　91013705

弘智文化價目表

書名	定價		書名	定價
社會心理學（第三版）	700		生涯規劃：掙脫人生的三大桎梏	250
教學心理學	600		心靈塑身	200
生涯諮商理論與實務	658		享受退休	150
健康心理學	500		婚姻的轉捩點	150
金錢心理學	500		協助過動兒	150
平衡演出	500		經營第二春	120
追求未來與過去	550		積極人生十撇步	120
夢想的殿堂	400		賭徒的救生圈	150
心理學：適應環境心靈	700			
兒童發展	出版中		生產與作業管理（精簡版）	600
如何應用兒童發展的知識	出版中		生產與作業管理（上）	500
認知心理學	出版中		生產與作業管理（下）	600
醫護心理學	出版中		管理概論：全面品質管理取向	650
老化與心理健康	390		組織行為管理學	出版中
身體意象	250		國際財務管理	650
人際關係	250		新金融工具	出版中
照護年老的雙親	200		新白領階級	350
諮商概論	600		如何創造影響力	350
兒童遊戲治療法	出版中		財務管理	出版中
認知治療法	出版中		財務資產評價的數量方法一百問	290
家族治療法	出版中		策略管理	390
伴侶治療法	出版中		策略管理個案集	390
教師的諮商技巧	200		服務管理	400
醫師的諮商技巧	出版中		全球化與企業實務	出版中
社工實務的諮商技巧	200		國際管理	700
安寧照護的諮商技巧	200		策略性人力資源管理	出版中
			人力資源策略	出版中

書名	定價		書名	定價
管理品質與人力資源	290		全球化	300
行動學習法	350		五種身體	250
全球的金融市場	500		認識迪士尼	320
公司治理	出版中		社會的麥當勞化	350
人因工程的應用	出版中		網際網路與社會	320
策略性行銷（行銷策略）	400		立法者與詮釋者	290
行銷管理全球觀	600		國際企業與社會	250
服務業的行銷與管理	650		恐怖主義文化	300
餐旅服務業與觀光行銷	690		文化人類學	650
餐飲服務	590		文化基因論	出版中
旅遊與觀光概論	出版中		社會人類學	出版中
休閒與遊憩概論	出版中		購物經驗	出版中
不確定情況下的決策	390		消費文化與現代性	出版中
資料分析、迴歸、與預測	350		全球化與反全球化	出版中
確定情況下的下決策	390		社會資本	出版中
風險管理	400			
專案管理的心法	出版中		陳宇嘉博士主編 14 本社會工作相關著作	出版中
顧客調查的方法與技術	出版中			
品質的最新思潮	出版中		教育哲學	400
全球化物流管理	出版中		特殊兒童教學法	300
製造策略	出版中		如何拿博士學位	220
國際通用的行銷量表	出版中		如何寫評論文章	250
			實務社群	出版中
許長田著「驚爆行銷超限戰」	出版中			
許長田著「開啟企業新聖戰」	出版中		現實主義與國際關係	300
許長田著「不做總統，就做廣告企劃」	出版中		人權與國際關係	300
			國家與國際關係	出版中
社會學：全球性的觀點	650			
紀登斯的社會學	出版中		統計學	400

書名	定價		書名	定價
類別與受限依變項的迴歸統計模式	400		政策研究方法論	200
機率的樂趣	300		焦點團體	250
			個案研究	300
策略的賽局	550		醫療保健研究法	250
計量經濟學	出版中		解釋性互動論	250
經濟學的伊索寓言	出版中		事件史分析	250
			次級資料研究法	220
電路學（上）	400		企業研究法	出版中
新興的資訊科技	450		抽樣實務	出版中
電路學（下）	350		審核與後設評估之聯結	出版中
電腦網路與網際網路	290			
應用性社會研究的倫理與價值	220		**書僮文化價目表**	
社會研究的後設分析程序	250			
量表的發展	200		台灣五十年來的五十本好書	220
改進調查問題：設計與評估	300		２００２年好書推薦	250
標準化的調查訪問	220		書海拾貝	220
研究文獻之回顧與整合	250		替你讀經典：社會人文篇	250
參與觀察法	200		替你讀經典：讀書心得與寫作範例篇	230
調查研究方法	250			
電話調查方法	320		生命魔法書	220
郵寄問卷調查	250		賽加的魔幻世界	250
生產力之衡量	200			
民族誌學	250			